エジプトでの油田採油装置

北スマトラのラントウでの石油掘削現場

北スマトラで発掘された二枚貝の化石ハロビア

スタバットの鉄橋

セランジャヤへの道に
咲いていたバナナの花

北スマトラの民家と旅人椰子

掘削現場

キサラン・ハパム
の農園

ラントウ鉱場と
放散ガス（フレ
アー・スタック）

エジプトでのポンピング・ユニットの組立て作業

北スマトラのブランダンにあった
高床式の従業員宿舎

ハランガウルの入り江（トバ湖）

サハラ砂漠

サハラ砂漠東端の地層

カイロにあるエジプト考古学博物館正面入口

上流部門から見た「石油の過去・現在・未来」

菊池 良樹

文芸社

目次

《付表》

《付図》

第一章　世に出るまでの物語（過去）

まえがき

石油製品が日常生活に大量に利用（消費）されるようになったのは、二十世紀以降自動車の発達による。

一八八三年、G・ダイムラー（一八三四―一九〇〇）は、今日の自動車用エンジンの原型になった高速ガソリン機関を完成した。ほぼ同時代C・ベンツ（一八四四―一九二九）も小型高速内燃機関を研究し、一八八五年、四サイクル・ガソリンエンジンを装備した自動三輪車を走らせた。

その五、六十年前、J・ワット（一七三六―一八一九）は蒸気機関を発明し、産業革命に大きな貢献をした。このようなことに刺激されて、フランスやアメリカで蒸気自動車の研究が進められた。併行して加硫ゴムのタイヤへの利用、空気入りゴムタイヤの発明などが蒸気自動車製造を加速させた。

その結果、十九世紀末には蒸気自動車は実用化され、それが金持ちの遊び道具であったとしても、極めて精巧な機械のかたまりになっていた。

欠点は重量に対する馬力不足であった。やがて、それは軽量で強馬力なガソリンエンジンに代わっていった。変わらぬものは蒸気自動車の機構装置（メカニズム）で、その後の近代自動車に引き継がれたと言われている。

二十世紀になると、アメリカではフォード、ビュイック、パッカード、キャデラックなどの各社が競って誕生した。中でもH・フォード（一八六三―一九四七）は、一九〇三年に会社を設立してフォード・システムを考案、一大自動車産業の基礎を築いた。

このような産業を可能ならしめるのには、大量・安価な燃料が必要であった。それは一八五九年八月二十八日、元鉄道技師、E・ドレイク（一八一九―一八八〇）の機械による石油井戸掘削で裏づけられていた。ドレイクはこの年、石油井戸を三坑掘っている。その後は不幸にして南北戦争（一八六一―一八六五）勃発のため、掘削された石油井戸は少ないが、一八七〇年には千六百五十三坑の記録がある。

ドレイクが石油井戸を掘るには資金が必要であった。この全く新しい未知の投機的事業に投資価値があるのか判断しなければならない。オイル・クリーク（ペンシルバニア州）に滲み出ている「黒い液体」を採取する方法があるのか、あるとしてもそれが商売（ビジネス）の対象になるのか見通さなければならない。そこでこの事業を手掛けようとした発起人（プロモーター）たちは、試料（サンプル）をシリマン教授（エール大学）に送って評価を依頼した。

B・シリマン（一七七九―一八六四）は当時、大学で化学と博物学を教えていた。同時に地質専門技術者の教育をも担っていた。ヨーロッパにもしばしば旅行し、地質調査法と使用道具などについても指導的立場にいた。

教授はオイル・クリークから送られてきた「黒い液体」を実験室のフラスコに入れて加熱し、八つの成分に分離して細かく分類記載した。原理的には現在の石油精製と変わらない。

その結果、この「黒い液体」から抽出した液体の中に、当時利用されていた灯油にくらべて、臭いもなく煤煙《ばいえん》も出ない良質な成分（ケロシン）のあることがわかり、投資の経済性を裏づけた。

太古の昔から、人類を悩ませたことの一つに夜の闇を（明るく）照らす方法があった。松脂《まつやに》、獣脂《じゅうし》などを使用してきたが、当時の主流は鯨油《げいゆ》であったから、ケロシンは最も歓迎されることになった。

氷河期と氷河の記録

アメリカ・インディアンの祖先はアジア人（モンゴル系）であることは知られている。地球の気候変動で、約四十万年前から一万年前までの間、四回の氷河時代、いわゆる氷河期があった。

二十世紀初め、ドイツ人のＡ・ペンク（一八五八―一九四五）は、アルプスから流れ出た氷河の置き土産、氷堆積（モレーン）の調査・研究を行った。モレーンとは氷河が融けて後退する時、その跡に残った岩石群を指す。そこに四つの氷河期を認識し、ギュンツ、ミンデル、リス、ビュルムと名付けた（図―1）。

ヨーロッパ・アルプスの北部フロントと呼ばれるところに、アルプス北麓《ほくろく》から流れ出るいくつかの川があり、ドナウに注ぐ。それら支流の谷間にある融氷堆積物から四つの氷河期、ギュンツ、ミンデル、リス、ビュルムを提案した。

ペンクによる学術的調査・研究以前に、ヨーロッパアルプス山麓《さんろく》では、古くからそこに住む人々は、氷河末端にある岩石群のつつみ（堤）モレーンが、谷の下流に何段もあるこ

図-1　氷河期模式地（ペンク）

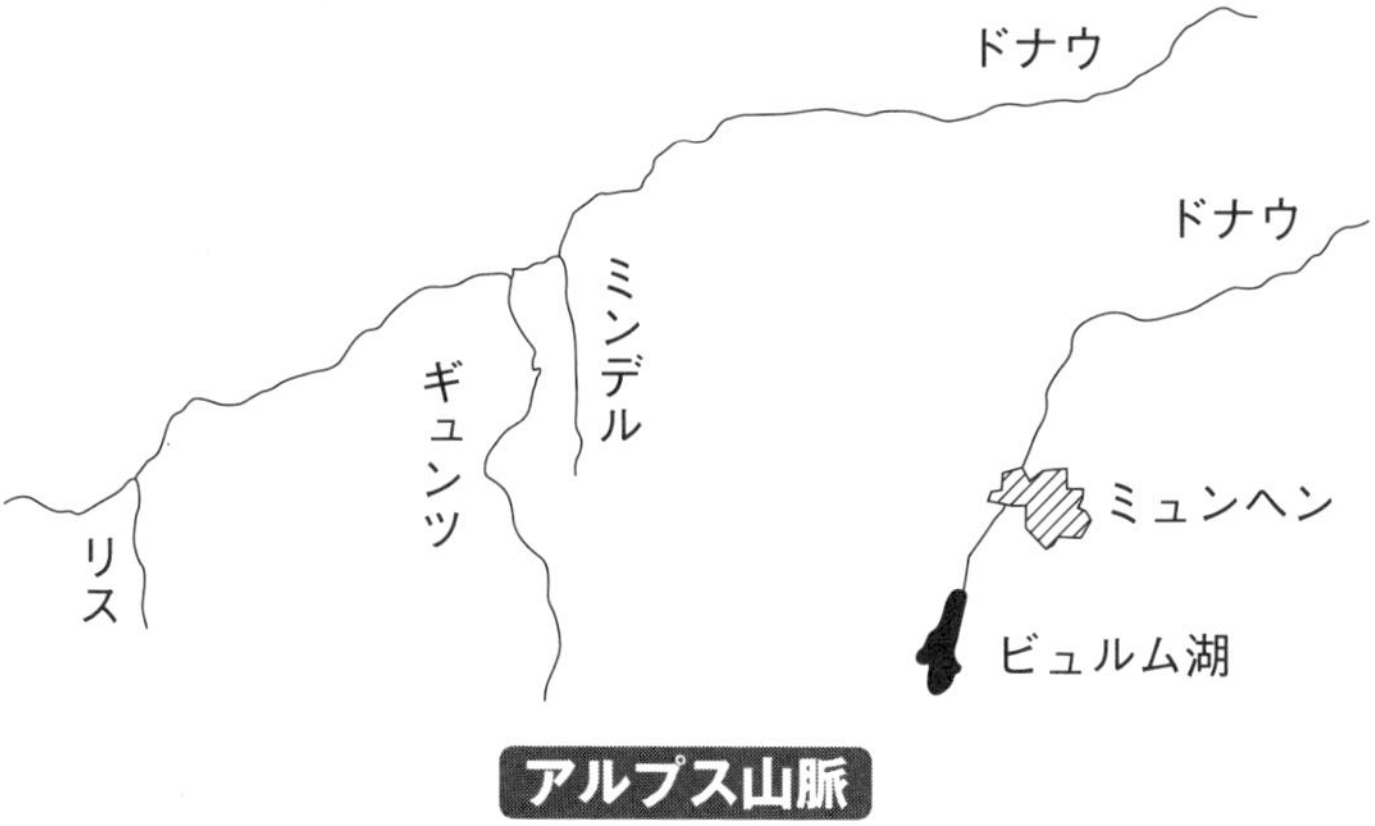

とを知っていた。そして、その昔氷河がそこまでのびていたと信じていた。

　氷河を歴史上に記録したのは、次のような人々であった。

玄奘法《げんじょうほう》師《し》（六〇二―六六四）

　唐代の僧、『大唐西域記』を残す。天山山脈や崑崙山脈で凌山（氷に覆われた山々）を見る。

L・アガシー（一八〇七―一八七三）

　スイス生まれのアメリカ人。ヨーロッパで魚類化石の研究で名をあげ、アメリカに渡り北アメリカ・カナダにあった大陸氷河の調査を行った。マニトバ（カナダ）氷床の先端に生じた湖水に名を残す。

　一八四〇年出版の『氷河研究』の中に次のように書いている。

「熱帯の植生にいろどられ、巨大な象やカバ、大きい恐竜がさまよっていたヨーロッパの地表は、突如として氷床の下に埋もれた。平原も湖水も台地も、海までもひとしくその下に埋没した」

J・A・アデマール（一七九七―一八六二）

フランス人数学者。天文学的原因から四季変化の寒暖が氷河期の周期的発生・消滅の引き金になるであろうと考えた。

J・ティンダル（一八二〇―一八九三）

イギリスの物理学者。氷は水と同一の化学成分ではあるが、さまざまな不思議な性質をもっている。固体であるはずの氷が可塑性をもっていることは、物理学の分野でも氷河の観察からはじめてわかったことである。

ティンダルが氷河研究にアルプスに入る以前、L・ランジェという牧師が氷河についてすぐれた観察をしていたと言われる。

ランジェは、「氷河の氷は一種の延長性をもっていて、あたかも柔い糊ででもあるかのように、場所にあてはまった形をとり、細くなったり膨らんだり、また縮んだりできるということを信じる必要がある」と言っていた。

J・クロール（一八二一―？）

　ティンダルと同時代の人。地球温暖化を予測した。

旧大陸（バクー・ロシアカスピ海）

　旧大陸で、石油との出合いはアレキサンダー大王（三五六―三二三BC）にまで遡る（表―1）。

　大王東征時、カスピ海南東岸グルガン（現アストラバード・イラン）に幕舎（キャンプ）を設営した。夜になると大王のテントに明りが持ち込まれた。ランプであった（図―2、表―1）。

　それは大王が見慣れたものとは外見上全く違うばかりか、輝くばかりの明るさをテントの中に投げかけた。驚いた大王はそのランプの「からくり」を尋ねたという。

　ランプは黄色い液体に満たされた容器に差し込まれた管の中に、糸を撚《よ》り合わせた芯が通っていた。黄色い液体は芯を伝って上り、その先が光り輝いていた。芯の先にたやすく火をつけたり消したりできるので、大王の驚きも一入《ひとしお》であったという。

表-1　歴史上の黒い液体

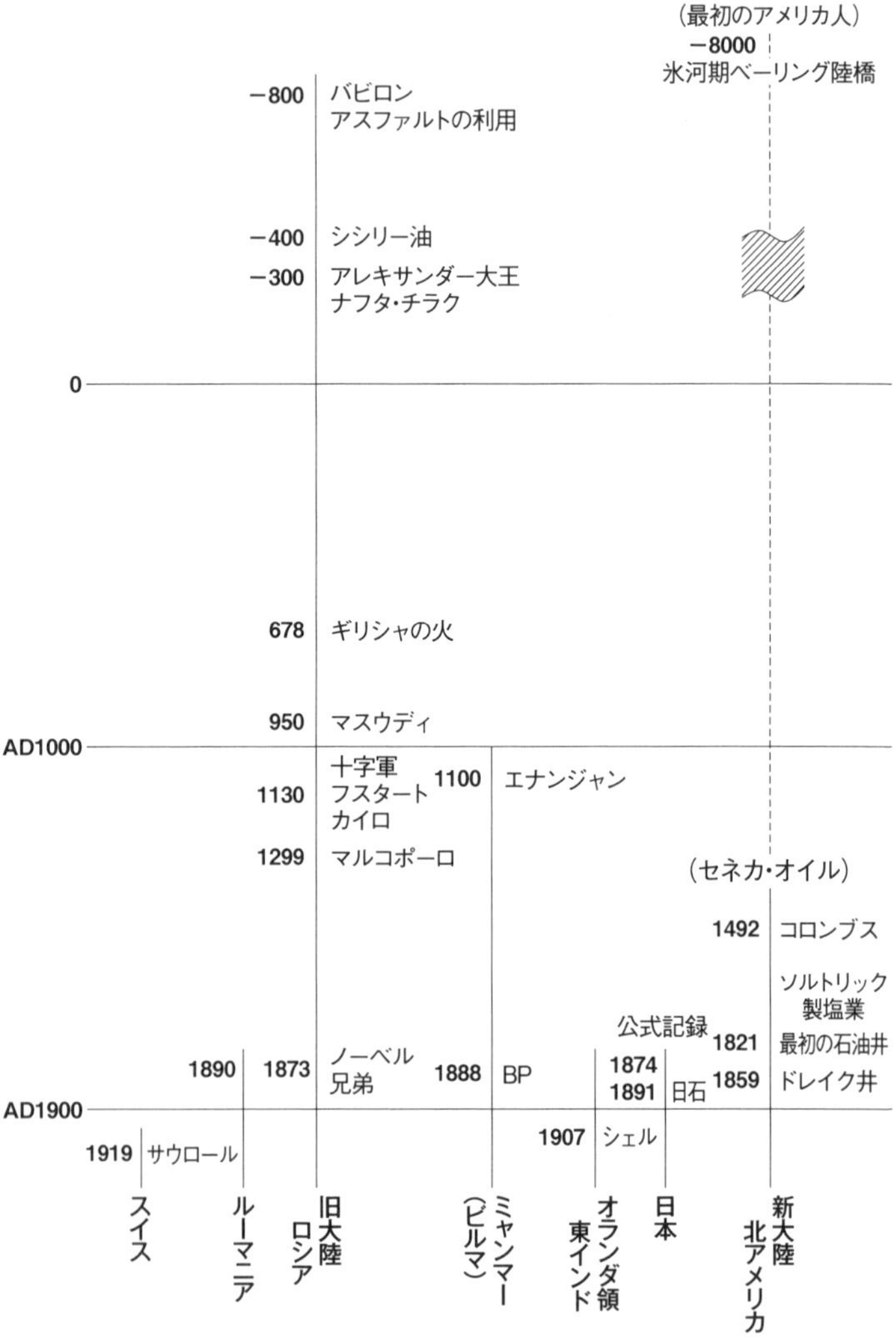

(最初のアメリカ人)
−8000
氷河期ベーリング陸橋
−800
バビロン
アスファルトの利用
−400
シシリー油
−300
アレキサンダー大王
ナフタ・チラク
0
678
ギリシャの火
950
マスウディ
AD1000
十字軍
1130
フスタート
カイロ
1100
エナンジャン
1299
マルコポーロ
(セネカ・オイル)
1492
コロンブス
ソルトリック
製塩業
公式記録
1821
最初の石油井
1890
1873
ノーベル
兄弟
1888
BP
1874
1891
日石
1859
ドレイク井
AD1900
1919
サウロール
1907
シェル
スイス
ルーマニア
旧大陸
ロシア
ミャンマー
(ビルマ)
オランダ領
東インド
日本
新大陸
北アメリカ

図-2　カスピ海

土地の人々はこれをチラク（ランプ）と呼び、中の液体をナフタと言っていた。全体は均質な素焼きの粘土からできていたので、黄色い液体（ナフタ）が大王の目に触れたかどうかは不明である。

ナフタとはこの地方の言葉で、土の中から出てきたもの、との意味であった。

その頃、カスピ海の西や南の地方では、この黄色い液体は土の中から滲み出ていたので、簡単に手に入ったらしい。大王以前から、カスピ海周辺ではナフタを生活に利用していたことが窺い知れる。

それ故、燃える液体を手に入れやすかった地方では、自然の滲み出しを手掛りに、手掘りの浅い穴（ピット）や溝（トレンチ）を掘って採取したであろうと想像する。それが歴史上最も早く行われていたのはカスピ海周辺や、そこに突き出ているアプシェロン半島付近であった。ここは乾燥地帯で、燃料にすべき薪やピートの類《たぐい》が豊富にあったわけではない。冬期には気温もかなり低下した。誰言うとなくナフタが日常生活に利用されていたのであろう。利用する器具類も考案され、周りにも伝わっていったと思われる。

古い記録によれば大王より少し前、医学の父、ギリシャ人ヒポクラテス（四六〇―三七七BC）の文書にも残されている。ギリシャに近いシシリイ島（イタリア）に産する「シシリイ油」をランプに使ったとある。

ネブカドネザル二世（在位六〇四―五六二BC）時代の都市バビロンの外城壁は約十三キロメートルあった。この建造には紅海沿岸に産したアスファルトをモルタル代わりにして日乾しレンガを固定した。

当時、紅海の東沿岸には多くのピッチ湖があったらしい。地下から滲み出したセキユ（石油）が溢れて凹地を埋め、湖水のようになる。時間の経過につれて太陽に照らされ、軽質成分は蒸発して重質分が残り、それも次第に酸化して固まってくる。このような状態になった石油の湖水をピッチ湖と呼び、世界の石油産地に多い。

このように燃えやすいナフタが戦争の道具に利用されたのは当然である。ローマ軍は「焼夷弾」として使用していた。ナフタに硫黄を混ぜて壺に入れ、火を点けて敵陣に投げ込んでいる。矢につけて火矢としても使用した。このような道具（武器）はギリシャの火（グリーク・ファイアー）として歴史の記録に残る（「ナショナルジオクラフィック」一九八三年十二月号）。

ビザンティン帝国、コンスタンチヌス四世の治世時（六七八）、攻め寄せるアラブ艦隊に対して守りについたビザンティンは、それをできるだけ陸地に近づけ、折を見てナフタを流し、火を放って撃退したと言われている。

さらにキエフ大公イーゴリ公（？―九四五）が、ボスポラス海峡からコンスタンチノープルを攻めた時（九四一）、ビザンティン側は揮発性ナフタに火をつけ、あたかも火を吐く伝説上のドラゴンのように火焔を放ち、火焔放射器として敵艦隊に吹きつけ、多くの艦船を撃退したと言われている。

またチンギス＝ハン（一一六七？―一二二七）は一二二〇年にボハラ要塞（ウズベキスタン）を攻撃した際には、ナフタを満たした壺を城内に投げ込み火を放ったという。

石油は古くから重要な戦略物資であった。

十三世紀、十字軍がエジプトに侵攻した時、フスタート（カイロ前身の街）では政情不

図-3　オールド・カイロ（フスタート）

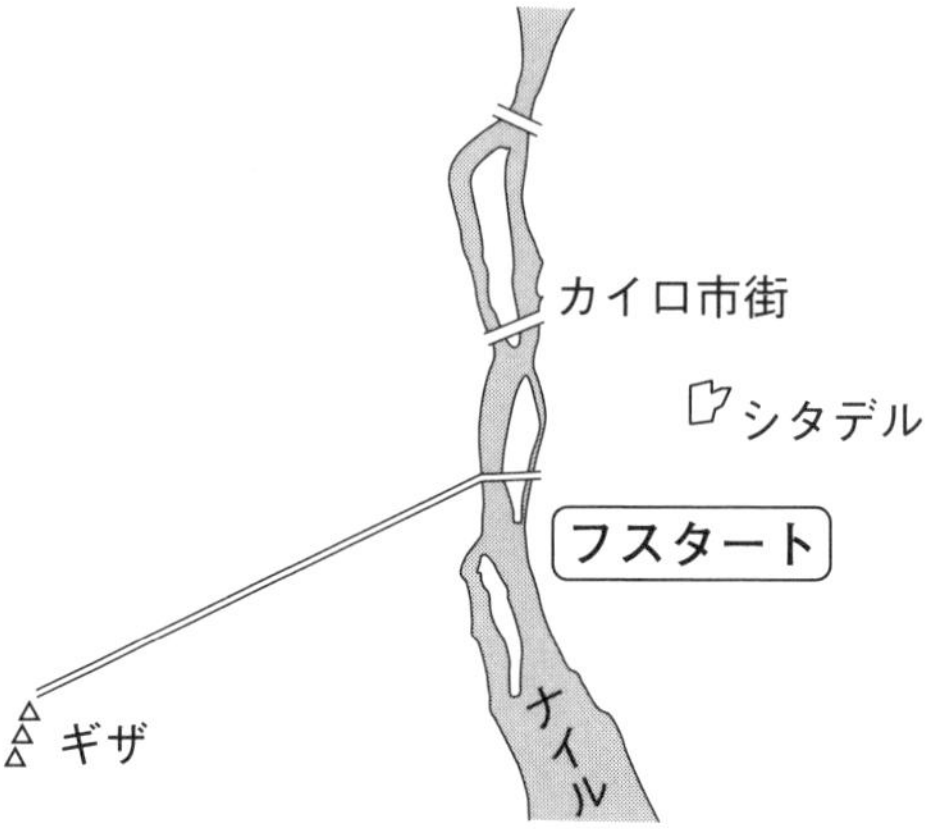

安もあり、焦土戦術に出て十字軍の侵攻を諦めさせた。その時約二万個の壺に満たされたナフタを、すべての家庭、店舗、屋敷やモスクに撒き散らして火を放ったという。火は五十四日間燃え続けたとある。当時、このような灯油状の大量のナフタを貯蔵できる、いかなる施設があったのだろうか（**図—3**）。

当時、ナフタの産地はバクー以外にはない。このようなナフタは経済商品としてどのように取り扱われていたのだろうか。証人としてアラブの旅行家マスウディ（八九五—九五六）とマルコポーロ（一二五四？—一三二四）の二人に登場してもらう。

イブン・フセイン・マスウディはバグダッドに生まれた。

多くのイスラム圏知識人の常として、彼もまた自然現象に興味を抱いていたようである。バクーを訪れた時、ペルシャ、シリア、アラビアやインドから多くの商人がナフタを買うために集まっているのに出会った。好奇心も手伝い、生産地現場を見ようとしてナフタの泉を尋ねようとした。しかし、目的を果たせなかったらしい。

方針を変え、バクーから運び出されるナフタの量を推定しようとした。街外れの道路わきに座り、隊商（キャラバン）のラクダの背に揺られる袋の数をかぞえたという。

ラクダ一頭の運搬能力は約二百五十キログラム。ナフタを運ぶキャラバンは、バクーの西シエマッハをぬけて西に向かった。コンテナーは羊の皮袋であったろうか。

マスウディの記録では、バクーには多くのナフタの泉があり、その色は白または黄色と紺色の二種類であったという。

時代は少し下り、マルコポーロがバクーに立ち寄ったのは一二九八―一二九九年頃であったらしい。数多くのラクダで編制された幾組ものキャラバンにバクーの西で出会っている。その荷の大半はナフタだった。

マルコポーロの見たキャラバンは、紛れもなくバクー産ナフタを運ぶラクダの群であった。そこは当時、世界唯一の商業油田だったからである。

図-4　ミャンマー（エナンジャン）

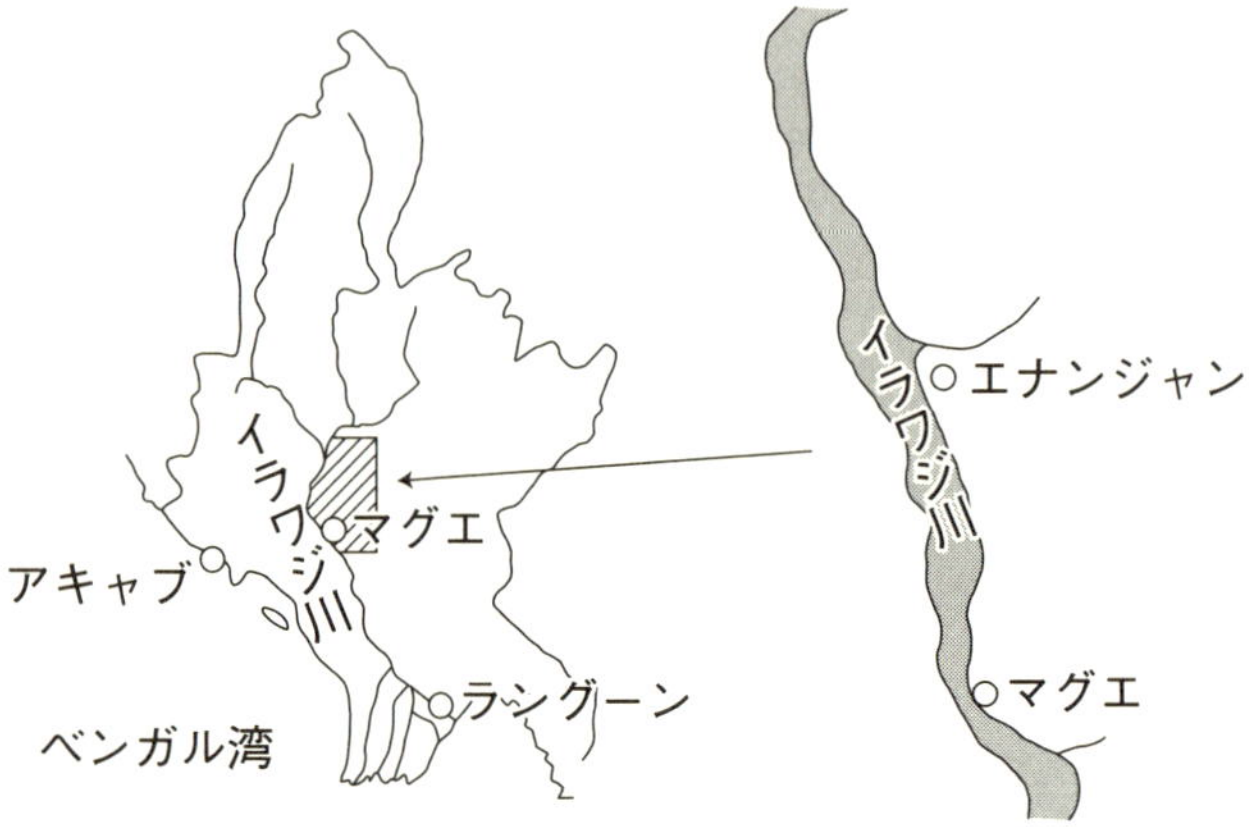

アジア最古の商業油田はエナンジャン（旧ビルマ）、採油の歴史は十二世紀まで遡る（**図―4**）。この石油を求めて近隣から多くの商人が集まり、イラワジ川には舟が溢れていたといわれる。今も残る仏塔（パゴダ）や仏像の建造は住人の信仰心に、豊かな経済的背景があったからではなかろうか。

この石油の経済力は、後年、イギリス植民地下ビルマ石油（バーマ・オイル・カンパニイ）として一八八九年の設立につながる。二十世紀に入り、イランの石油開発としてアングロ・ペルシャン・オイル（APO）の創立に資金援助ができたといわれる。

アングロ・ペルシャン・オイルは、資源開発と併行して、帝政ロシアの南進に対抗するために存在した。海軍用燃料を石炭から石油に転換しようとするチャーチル海軍大臣の意向もあり、国策として保護された。これはチャーチルの先見の明とされている。

しかし十九世紀末、シェル・トランスポート（サムエル商会）はサラワク（旧ボルネオ）で石油生産の仕事をしていた（図―5）。そこから産出する石油は重質で、当時、灯油しか需要がなかったので、その販売は苦しかったらしい。シェル・トランスポートにはロスチャイルドが関係していた。それ故、ロスチャイルドの進言がチャーチルを動かしたのが真相ではなかったろうか。後述する。

横道に逸れるが、アングロ・ペルシャン・オイルを援助したイギリス政府の方針が、イランに対して無遠慮、傲慢であったためプライドを傷つけることになってしまった。

その結果、一九五二年の石油国営化に失敗したものの、しかし、M・モサデグ（一八八一―一九六七）につながってゆく。

図-5　サラワク（旧ボルネオ）

時代が進みすぎた。話を戻す。

このような液体状のナフタの滲み出しには、目には見えぬ天然ガス、メタン（CH4）やエタン（C2H6）ガスが伴った。

広大なカスピ海（日本本州の約二倍）周辺の乾燥地帯、その西と南には太古の昔から多くの滲み出しがあり、落雷などで火が点いたであろうことは想像できる。

この「燃える火」は、カスピ海周辺のダゲスタン地方にあったことから「ダゲスタンの火」と呼ばれ、周辺住人には格好の標識（灯台）になっていたという。

その自然の燃える火に畏れ（畏敬）を抱くと同時に、神聖・永遠・不滅の意味をもたせ敬愛しても不思議ではない。その輝きは拝火教（ゾロアスター）のシンボルになった。信仰の対象に建てられた神殿（火を灯す神聖な場所）の中でも有名なのが、バクーのスラハニイにある。

数百年の間、神殿は拝火教信者巡礼の中心地になり、その神アグニイ（火と生命の神）に祈りを捧げる場所になった。信者はアグニイのシンボルとして炎の赤い色を示す赤土を頬に塗りつけたという。神殿での行事は一八七〇年頃まで続けられていたようである。

その建物は現在博物館になっている。

火が灯されていたであろう中心部は三角形の石からできている。それぞれの角からパイプ状に石がのびていた。その昔、多くの巡礼者がお参りしていた頃、石のパイプの口先までガスがきていて、その先に火が灯されていたに違いない。神殿を建造した人たちは、地下から出てくるガスを誘導し、石で作った導管（ダクト）の中に導き、それを神殿の中心部までもってきていた。

三つのうち二つは一九六五年頃まで残っていたという。今日のように金属パイプなどのない頃、火の点きやすい極めて危険なガスを、泥と石だけの「パイプ」で導いた技術は驚嘆に値しよう。火が点けば危険なはずのガスを誘導する高度な技術を見事に克服している。恐らくガスの自然の噴き出しに任せず、一旦タンクの中に貯蔵してからガスを制御し導いたのではなかろうか。

マスウディはカスピ海周辺旅行中神殿に立ち寄っている。その途中、海中での大規模な泥火山噴火を見て驚いた。彼の記録によれば、火の柱は付近の山々より遥かに高かったという。マカロフ・バンクでの最近の噴火は一九五八年にもあった。岸から二十五キロメートルのところである。

ナフタの滲み出しはバクーの西、コーカサス山岳地帯にもあった。

図-6　サンジオルジオ山（スイス）

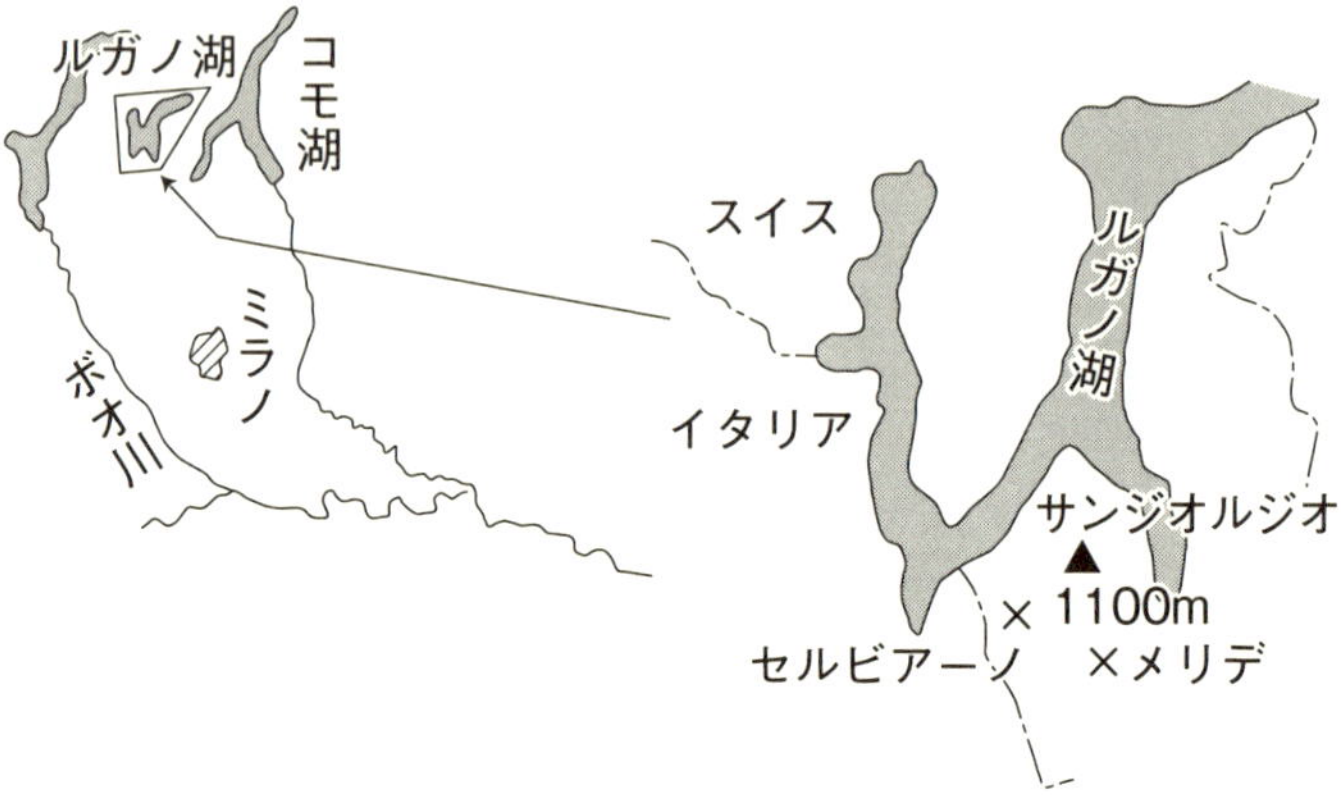

住民たちは長い間の経験から、それを使って皮をなめして履物を作ったりして手工業に役立たせていた。皮膚病にも効果ありということで、軟膏として使用する療養所（サナトリウム）もあったという。

時代は遥かに新しくなって二十世紀の初め頃、同様な利用法が南スイスでも行われていた。

スイス・アルプスの南端、イタリアとの国境近くルガノ湖を見下ろすサンジオルジオ山（千百メートル）の麓、メリデとセルビアーノ村のことである（**図—6**）。

一八六三年、自然史博物館（ミラノ）のA・ストッパーニ館長が、山麓でいくつかの化石を採取したのが契機であった。それから五十年後、ほぼ同じ場所に多量の有機物を含む岩石（頁岩）のあることがわかり、土地の人々はそれを乾溜して油を抽出し、「サウロール」と名付けた（表—1）。これがリュウマチに効くとして利用された。そのため大量の岩石を採掘する石切場になった。岩石の中から、ヨーロッパでは見られない熱帯の海に棲む魚竜（ノトザウル）や、多数の魚類、サンゴなどの化石が出土した。

思わぬことから、アルプス山中に珍しい熱帯性の化石が発見され、チューリッヒ工科大学の博物館に収められた。

このようなサウロールの利用は、コーカサスのナフタ、ペンシルバニア（アメリカ）のセネカ・オイルと共通するものがあり、全く未知なものに出合った時に生まれる人間の「知恵」として興味深い。

一六八三年にはE・ケムパー（ドイツ人博物学者）がバクーを訪れている。彼の調査によれば、ナフタの産出量は日産約三十五トン（二百バレル）であった。

一八二九年にはA・フンボルト（一七六九—一八五九）がバクーを訪れた。ナフタの泉は八十二箇所になっていた。

上述のようにアレキサンダー大王の幕舎を照らしたチラクは、確かに明るかったであろう。しかしその反面、ナフタによっては悪臭も煤もついたと思われる。

人間の知恵が進み、生活様式が向上してくると、ランプに使用するナフタには、煤も悪臭もない、より良質な商品が望まれたのではなかろうか。安全・衛生の点からも要求されたにちがいない。

いつの頃からか定かではないが、ナフタから精製されたランプ用灯油「フォトーゲン（ケロシン）」が用いられ始めた。

誰言うとなく自然発生的に生まれたのではなかろうか。後年、オイル・ビジネスに手を出そうとしたペンシルバニアの企業家が、ベンチャー・ビジネスの経済性を問うため、シリマン教授に分析を依頼する三百年も前のことであった。

記録によれば、十六世紀中頃からコーカサスや西ウクライナ地方でフォトーゲンが使われ始めたらしい。

ボリス・ゴドノフ（一五五一―一六〇五）治世の頃、ウクタ（Ukhta）地方で始まったという。

ウクタはウラル山脈の西（東経五五度・北緯六三度）に位置する。テイマン・ペチョラ石油区の北にあり、ラヤボス（ガス）やボゼイ・ウサ（油田）が開発されている。

またピョートル大帝（一六七二―一七二五）が石油に関心を示し、ナフタの精製を奨励している。そして、ウクタ地方の製油所からのフォトーゲンを樽に詰めてモスコーやペテルブルグに輸送していた。

この時代、石油の精製は現在に比べるなら遥かに稚拙であったろうから、蒸溜と言うべきかもしれない。蒸溜器は鉄製の大釜で、銅製の蓋で覆い、そこから銅製のパイプがラセン状に出て水の中を通る。釜にナフタを入れ熱すると、揮発成分（ボラタイル）が蒸発して銅のパイプを通り、水に冷やされて濃縮し、木の桶（樽）に収められる。ナフタの約四〇％がフォトーゲンとして製品化された。

このことは、当時ウクタ地方でもバクー同様にナフタを手に入れることが可能であったことを暗示する。

バクーに製油所が造られたのは一八三七年であった。一八六九年には二十三カ所で灯油用のフォトーゲンが精製されていた。それが二、三年後には六十カ所になった。急増のため、当局は安全・衛生を重視し、地域を限定して新規開設を禁止した。新設の製油所は別の場所に移り「ブラック・シティ」と呼ばれるようになった。

ガソリンの需要などまだまだ先のことで、フォトーゲン以外の製品は燃やされていたであろう。黒煙天になびき、文字どおり「ブラック・シティ」になったのではなかろうか。

同様な現象は、十九世紀末北スマトラ（インドネシア）の製油所にも起きていた。

他方、十七、八世紀頃、スコットランドで「油母頁岩《ゆぼけつがん》」を乾溜して灯油を抽出している。

一八七四年、ロシアのフォトーゲンの生産量は約八万トンであった。

旧ソ連邦の雑誌ナフティアナーク（一九六七）によれば、一八四七年六月ボロントフ王子が、バクーのビビエイバットに石油井戸を掘り、支出千ルーブルであったと国務大臣に報告している。

次いで一八五四年四月十五日の文書には、新掘の手掘り井戸二十五坑と既存の二坑とから黒いナフタを採取した、とある。

その頃、ヨーロッパの東プロエスティ（ルーマニア）にも石油の滲み出しがあった。この豊かな地下資源について、帝政ロシアやオスマン帝国、オーストリー・ハンガリー帝国（ハプスブルク家）などが支配権を得ようとして牽制し合っていた。

近代石油鉱業の夜明けの大きな刺戟になったのは、新興国北アメリカでの石油井戸掘り成功にあった。

一八七六年、アメリカの独立百周年記念博覧会がフィラデルフィアで開催された。この博覧会に帝政ロシア視察団の一員として化学者D・I・メンデレーエフ（一八三四―一九〇七）が参加した。「元素の周期率表」発表は一八六九年であったから、当時、名の知れた人であったに違いない。博覧会出席はもちろん、希望したであろうと思われるが、ペンシルバニア油田を見学している。この油田は南北戦争（一八六一―一八六五）で開発は一時停滞していたが、南北戦争が終わってようやく活気をとり戻した。帰国後、「ペンシルバニアとコーカサスにおける石油鉱業」という報告書を書いている。それにはこの新しい産業について、必ずしも楽観的な未来を描いていない。作業の困難さと、石油を掘り当てる確率の低さを見抜いたためであろうか。

他方、化学者の立場から石油の無機成因説を紹介した。地球内部の高温・高圧下で、金属炭化物と水素の化学反応からメタンガスが発生し、それが重合反応して高分子炭化水素（石油）になるという考えである。後述する。

バクー油田開発にはノーベル兄弟の貢献を記さなければならない。

ノーベル賞創設のA・ノーベル（一八三三―一八九六）の二人の兄ロバートとルードウィッヒは、帝政ロシアの招きを得てバクー油田の経営を委託された。一八七三年であった。

二人の兄弟は、当時ヨーロッパから全く隔絶されていたとも言えるこの辺境で仕事を進めるにあたって、母国の地質技術者H・シェーグレン（?—一九二二）を雇い入れた。この人こそ世界で初めて石油会社に慣久的に勤務するペトローレアム・ジオロジスト（石油地質技術者）になった人である。

兄弟の努力の甲斐があって一九〇〇年までの約三十年の間、五百坑の井戸を掘ったと記録に残る。当初、その深度は五十～六十メートルほどであったが、十年後には百五十メートル、一九〇〇年には四百五十メートルにまで達している。その結果、大量の原油採取が可能になり、事業は大いに発展した。一八九二年にはロスチャイルドの資金援助をうけている。

石油井戸の掘削が順調に進むと同時に、最新式連続精製装置を設置、パイプライン敷設、タンカー「ゾロアスター号」を建造した。

当時、石油製品の利用は灯油に限られはしたが、市場はほぼアメリカ製が独占し、サンクトペテルベルグにまで入っていた。しかし、兄弟はロスチャイルドの資金力を得てビジネスを飛躍的に拡大させた。

それを示す何よりの証拠として生産量を示そう。

表-２　19世紀末～20世紀初頭生産量

国別／年代	アメリカ	ロシア（帝政）	インドネシア（蘭領）
1897	60,476,000	54,400,000	2,257,000
1898	55,364,000	61,609,000	3,020,000
1899	57,071,000	65,954,000	4,334,000
1900	63,521,000	75,779,000	4,048,000
1901	69,389,000	85,169,000	4,944,000
1902	88,767,000	80,540,000	4,447,000
1903	87,888,000	66,760,000	5,329,000

単位：バレル

一八九八年から一九〇一年の四年間、バクー原油の生産量はアメリカを凌いだ。一九〇一年の生産量は約八千五百万バレル、世界生産量の約半分を占めた（**表―２**）。

その後は社会不安から手を引かざるを得なくなった。

バクー周辺で採取されたナフタが、いつ頃から商品として取り扱われたかは不明である。古い記録によれば、九世紀中頃、アッパス朝のカリフがその売買を土地の有力者に許可したのが最初らしい。

今にも続く世界最古の商業油田である。

新大陸（北アメリカ・ペンシルバニア）

新大陸で「得体の知れぬ黒い液体」に付けられた最初の固有名詞は「セネカ・オイル」であった（**表―１**）。

図-7　アパラチア山脈周辺

ニューヨーク州の西、オンタリオ湖の南にセネカという名の郡がある。その周辺に居を構えていた先住民（アメリカ・インディアン）が「得体の知れぬ黒い液体」を取り扱っていた。移住してきた白人たちは、それを地名に因んで名付けたのが始まりらしい。先住民がどのように言っていたかは不明である（図―7）。

最古の記録によれば、一七九二年ドイツ語で書かれた新聞広告の中にあるという。フィラデルフィア（ペンシルバニア州）郊外で採取されたセネカ・オイルについて、トピアス・ヒルテ名で、「医療用にすぐれた効果あり」というものであった。当時、彼はセネカ・オイル収集家の一人で、インディアンの酋長とも知り合いの仲だった。まだまだ原始の姿が残るアメリカ東部の自然の中で生活していた。

広告記事はセネカ・オイルの薬効ばかりではなく、その採取法にもふれていた。

当初インディアンは、羽毛（羽根）などを用いて水面に浮く油膜を掃き集め、舟にとり入れて濃縮させていた。その後は毛布のような布地ですくっていたらしい。自らは織物を織る習慣（技術）はなかったので、白人から手に入れたものであろう。葉のついた木の枝や木の杓なども使っていた。

インディアンからそれを集めて医療品として取り扱っていた業者（薬局？）は、ペンシルバニア州やメリーランド州に十二あったという。

業者は、それがリュウマチ・痛風・皮膚病・ただれに効くとして売買していた。獣医師の間にも評判は良く、馬の皮膚病にも使用した。

後年、一九三〇年代ドレイク記念館で売られていた小瓶に入った「黒い液体」の効能書に、頭髪に良いと書かれていたのは、禿に効くということであろうか、真偽のほどは不明である。

アメリカ・インディアンの祖先はアジア人である**（表—1参照）**。

最初のアメリカ人になった人たちは地球が寒冷化した氷河期、海面が低下して出現した

「ベーリング陸橋」を通って北アメリカに移住した。

ベーリング海峡の水深、海面下に散在する小高い岩盤上の地層（堆積物）の調査などから、海水面が四十メートル以上低下するなら、シベリアとアラスカが陸続きになる「ベーリング・ランド・ブリッジ」が生じたであろうと専門家は推定する。それは南北約千五百キロメートルの幅があったと考えられている。

氷河期の海水面低下について述べる。

その最盛期、氷床（氷冠）は地球大陸の約二〇～三〇％を覆っていた。面積はおよそ四千万平方キロメートルである。現在、グリーンランドや南極の氷の厚さは、地震波による測定では平均約千六百メートルぐらいであるから、氷期にも同じだったとすると、氷の量は次のようになる。

四千万平方キロメートル×千六百メートル≒六千四百万立方キロメートル

この氷のうち現在、南極やグリーンランドに残る氷量は約二千四百万立方キロメートルなので、これを除いた残りの約四千万立方キロメートルの氷が融けて水になったとするなら、大気中の水蒸気の量は微量なので、その水は海に流れ込んだに違いない。海の面積は約三億六千万平方キロメートルなので、約四千万立方キロメートルの水量は、海面を約百十メートル上昇させるであろうし、逆に氷期にはそれだけ低下したことになる。

他方、十世紀頃バイキングと呼ばれたヨーロッパ系の人々が北アメリカに定住したとの記録がある。さらに古くは、地中海周辺のフェニキア人も移住したらしいとの証拠も残っている。

ベーリング陸橋を通って新大陸に渡って「最初のアメリカ人」になった人たちは、マンモス・ハンターとも呼ばれている。食糧のマンモスを追って、氷と霧のたちこめる中、知らぬうちに陸橋を渡ってしまった。こう書くと、何かロマンチックに思えるが、実際には相当の困難が伴ったであろうと考古学者は考えている。

そこには、既にエスキモーの祖先が住んでいた。ベーリング陸橋と名付けられた氷河期のみに出現した大地、その南、アリューシャン列島付近に住みついていた。最初のアメリカ人たち（パレオ・インディアン）は、そこを避けて北側のルートを通ったらしいと推定している。

アラスカ側に残る住居跡から、一時的に定住したとも思われ、陸橋を渡った、渡りつつあったことは承知していたのではないかと考える専門家もいる。

氷河期の生活がいかに苛酷であったかについては、オーストリーの精神医学者Ｓ・フロ

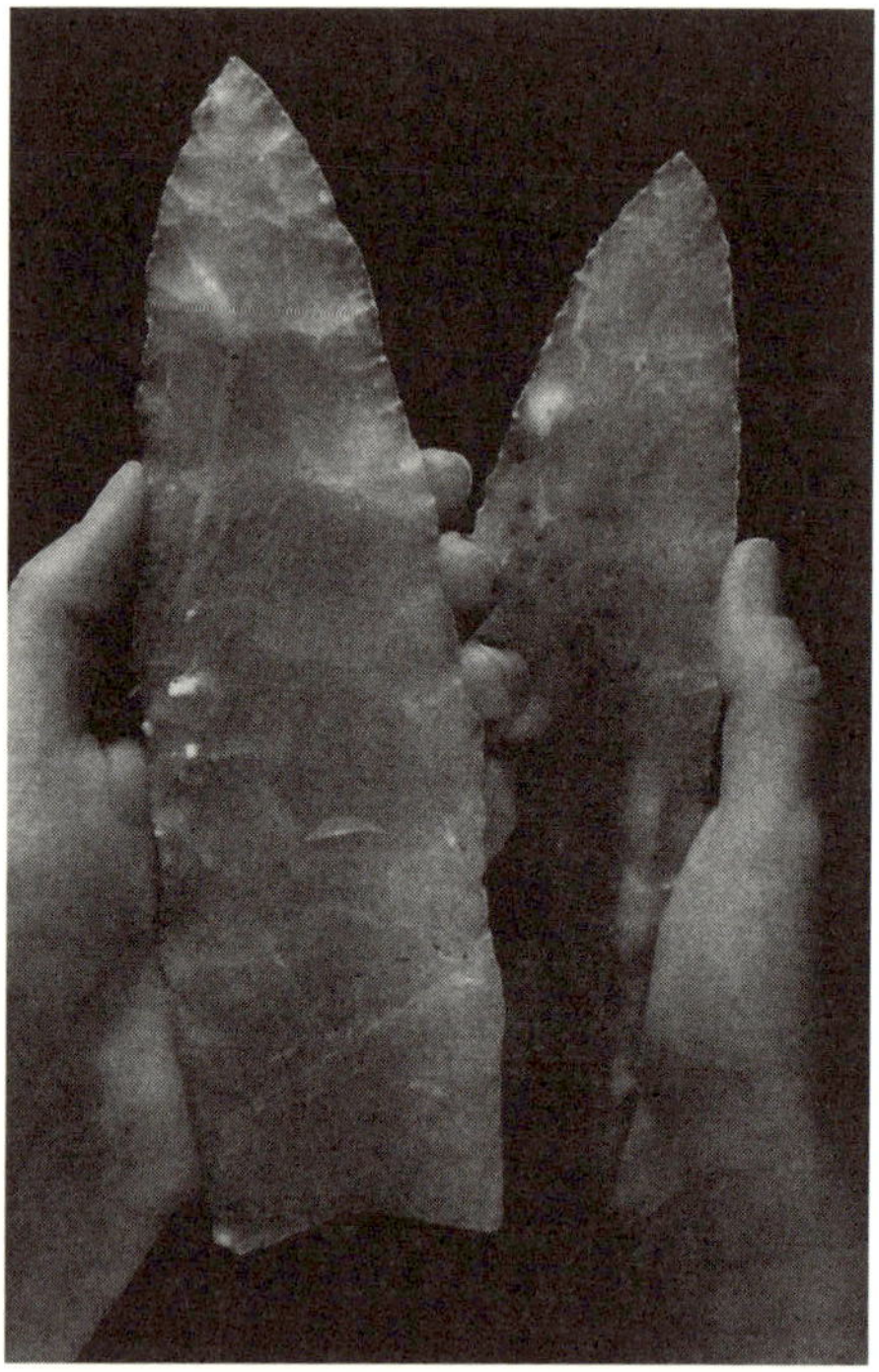
図-8
アメリカ・ニューメキシコで発掘されたクロビス石器（1988年DISCOVER誌10月号から）

イト（一八五六—一九三九）が、「人間の心に潜む精神異常という不均衡は、その時、一家の主人が家族を養うための明日の食糧をどうするかに悩んだことに起因する」と考えたように、現代人の想像を絶するものであろう。

ベーリング陸橋を渡った人たちはマンモスを追っていた。彼らの道具は「投げ槍」であった。狩猟道具として、なぜ弓を持っていなかったのだろうか。竹のような弾性のある植物は、温帯から亜熱帯に生育するので、氷河期のシベリアや北アメリカにはなかったのであろう。

投げ槍の長い柄の先には二十センチメートルほどの大きな石の矢じり（石器）を付けていた。この石器は一九三二年にニューメキシコ州クロビスで、マンモスの骨に刺さったままの状態で発掘されたので「クロビス石器」と名付けられた（図―8）。矢じり（石器）は柄に取り付けるため根元に溝状のくぼみがあり「フリュウテット（溝付き）」と呼ばれている。獲物に突き刺さったとき、そこを通って血液が流れ出て体力を消耗させるのに役立ったとも言われている。

マンモス・ハンターは約三十人ほどでチームを組んでいたであろうと考古学者は推定する。三十人編制であれば、その家族たちは七、八十人が成果を待っていたであろうか。

その昔、江戸時代近海で鯨一頭を仕留めると七浦栄えたと言われた。マンモス一頭で何家族、何カ月の食糧になったのだろう。

しかし、北米大陸からやがてマンモスは消えてしまった。寒冷な氷河期が終わり、次第に温暖化したのが原因で植生の変化をひき起こしたとも、獲りすぎが原因とも考えられる。

しかし、パレオ・インディアンは、この新天地でマンモスに代わる動物（食糧）に出合っている。その中のアメリカン・バッファロー（野牛）とディア（鹿）に注目する。それらの動物が石油に結びつく糸口をもたらしてくれたからである。

北アメリカ大陸東部、大西洋側の海岸と内陸中央低地との境界地帯にアパラチア山脈がある。北はカナダから南はアラバマ州まで、約二千五百キロメートルの範囲である。ニューヨーク州から南半分は北半分より比較的高い標高になるが、山地内の峰々はいずれも卓越したものはなく、万年雪に覆われることもない。激しい褶曲作用で生じた複雑な地質構造をもち、「アパラチア地形」と呼ばれる特殊な型を示している。規則正しい褶曲構造でできた地形が差別浸食をうけ、堅い岩石は互いに平行した小山脈を形成し、軟かい岩石はその間に小峡谷をつくる。そこは古くから石炭の産地であったし、また石油産出地帯にもなった。独立十三州の中に位置し、多くの移民が定住するようになった。

当時、そこの住民の生活必需品は、ペンシルバニア州西端のフレンチ・クリーク（オイル・クリーク）を通って運ばれていた。それはソルト・トレード（塩の道）とも呼ばれていた。品物はニューヨーク市からハドソン川を遡り（北上し）、馬車で西に向かってバッファロー（ナイアガラ）に出、船でエリー（エリー湖）南岸を経てフレンチ・クリークで南下した（**図―7参照**）。

運送には通常二、三カ月かかったらしい。

一八〇五年頃、アパラチア山脈内で塩の値段は一・八リットル約十セントであった。それが一八一二年になると高騰し、値がつけられないほどになってしまった。原因はイギリスとの「第二次独立戦争」にあった。その背景はヨーロッパの政争である。

一八〇五年から始まった大陸封鎖（ナポレオン戦争）は、一八一二年のモスコー遠征で失敗した。その間、ヨーロッパ市場をイギリス産業から閉鎖し、フランス産業を育成しようとした。しかし、この政策はイギリスの工業生産物輸出・食糧輸入国とする従来の大陸市場構造と多くの点で矛盾した。その間、アメリカは中立を守っていたが、イギリス、フランスとの貿易で、アメリカ船の臨検・捕獲などの危険が生じ、それが原因で一八一二年六月、イギリスとの戦争に入った。これは一八一四年八月、ガン条約（ベルギーのガン）での講和会議で終結した。

また、一八一〇年頃から中南米ラテン諸国の独立運動とも重なった。いずれにせよ一八一〇年代になると物資輸送に停滞が生じたことで塩の値段は急騰してしまった。

それ故、アパラチア地方の住人たちは、そこの山間、谷間に湧き出る塩水泉の塩水を汲み取り、塩を採る自営の製塩業を手掛けるようになった。

これに関連して追加する。

人間はもちろん、野獣といえど塩を必要とする。それなくしては生きてゆけない。

アパラチア山脈は複雑に褶曲した地形のため、谷間には地層の割れ目から地下水の湧き出ている泉が多くある。その中には塩分を含む「湧き水」も多い。野獣は本能的にそれを嗅ぎつけ集まってきていた。

広大な北アメリカ大陸に棲む野生動物群の中にアメリカン・バッファローがいた。数十あるいはそれ以上の群で移動する習性があった。その通った跡は「獣の道」として残り、そのいくつかはアパラチア山脈中に点在する塩の泉に到達していた。

マンモス・ハンターたちはマンモスの消えたあと、バッファローやディア（鹿）を追って食糧を求めていた。そのうち、いつしか獣の道を知るようになり、やがて、それが塩の泉に導いてくれることに気づいた。そこは動物を仕留める格好な場所になり、同時に塩水にもありつけることに気づいた。

やがてそれは白人たちにも広がり、バッファローの集まる塩泉には「バッファロー・リック＝バッファローの塩を舐める場所、舐塩所《しえんじょ》」、鹿の集まるところは「ディア・リック」と呼ぶようになっていた。そこは先住民ばかりではなく白人たちにとっても絶好の狩猟場になった**（図―7参照）**。

これら「ミネラル・リック」はカナワ川（北緯三八度付近）が北に流れてオハイオ川に

注ぐあたりに多くあり、場所が知られていたらしい。白人の居住者たちに知られるようになったのは一七五七年頃といわれている。

加えて、大陸の開発が西に向かうにつれ、鉄道や道路のルート決定に役立ったと言われた。動物たちの通った跡（道）は、本能的選択で知る由もないが、あたかも地形起伏を知り尽くしたかのように、無理のない自然なルートとして参考になったらしい。

既述のように、一八一〇年代に入ると生活必需品の輸送停滞で塩の値が高騰すると、その塩水から塩を採取しようと考えるようになった。

当初、泉から自然に溢れ出る塩水を利用し煮つめていたらしい。そのうち量を増やそうとしてピット（穴）やトレンチ（溝）を掘るようになった。それでも需要に追いつけず、同時に効率よく塩を採るため、より塩分濃度の高い塩水を求めようとして井戸を掘ることを考え始めた。塩水の量とその濃度を高めようとする当然の方策になったわけである。

このようにして一八一〇年代後半には、アパラチア山脈地方には製塩業が興り、それに伴って井戸を掘る「掘削技術」が次第に発達していった。

ある製塩業者が共同で井戸を掘り始めたのは一八一五年頃のこと。約五十メートルの深度から塩水を採取した。さらに掘り続けて約八十メートルまで進むと、より濃度の高い塩水に当ったといわれている。

さらに掘り進み約百メートルに達した時、確かに濃い塩水は出ることは出たが、それには得体の知れぬ「黒い液体」がついてきたので作業を中止した。それ故、これを北アメリカ最初の「石油井」と認定する人もいる。

一八二一年、我が国では江戸時代の文化・文政の頃であった。

後年、石油地質学史上に名を残すI・C・ホワイト（一八四八―一九二七）は、一八八一年、カワナ川周辺の地質調査を行い、塩水を求めて掘った井戸に出た黒い液体は、付近油田の主要油層であったことを確認している。またホワイトが提案した「石油の背斜構造説」は石油探査で最重要のセオリーである。一九一九―一九二〇年間、アメリカ石油技術協会会長を務めた。

このようにペンシルバニア州では一八二〇年頃、塩水を汲む目的に掘った井戸で「得体の知れぬ黒い液体」がついてくると、その井戸を放棄せざるを得なくなった例がいくつかあったらしい。

ここでようやく「セキユ」にたどりつくことができた。

「セキユ」は、時代を逆行すると、氷河期の合間を縫ってベーリング陸橋を渡って新大陸に移住したパレオ・インディアンまで遡り、コロンブスのアメリカ発見（一四九二）以前の遥かな昔、何千年もの間、野獣しかその存在を知らなかったソルト・リック（舐塩所）で、後年、塩水を汲み取ろうとして掘った井戸に、たまたま「黒い液体」がついて邪魔物扱いされるに至った長い時の流れの後にたどりついた「もの」であった。

十九世紀半ば石油鉱業の黎明期、シリマン教授（エール大学）の分析結果に勇気づけられ、「黒い液体」の商品価値に目ざめた人たちが、ペンシルバニア州西端のクロウフォード郡（東西約八十キロメートル）タイタースビルに、石油を得ようとして利権（鉱区）を設定したのは一八五三年であった。

この全く新しいビジネスを進めようとした発起人の一人、G・バイゼル（法律家・起業家）は、一緒に仕事をしようとしてG・エベレスを促し、ペンシルバニア・ロック・オイル（鉱油）株式会社を設立した。そして、バイゼルは従来の手掘り（ピットやトレンチ）などによる姑息な手段ではなく、思いきって機械で井戸を掘ることを考え、自分もデリック（掘削機械）の構想を練りつつ準備を進めていった。

前述したように、当時、ペンシルバニア州では製塩業が盛んになり、多くの井戸が掘られていた。二、三の井戸には厄介な黒い液体がついていたので、見方を変えるなら掘削技術・方法は既に確立していたといえる。しかし、この技術を全く新しいビジネスに利用しようとしたG・バイゼルの着想は、真に野心的と言わざるを得ない。それこそ起業家の真髄ではなかろうか。

ここに世界石油鉱業の夜明けがあった。

一八五九年九月十三日クロウフォード郡の地方紙は、八月に掘り終わったドレイク井の記事を載せている。日産量十五バレル、値段は一バレル四十ドルであった。しかし、十月九日には井戸に火がつき、約一万ドルの損害が生じた。消火後、十一月に復旧し、その後は日産二十バレルになったという。この年ドレイクは二坑追加している。

近年、OPECの台頭により油価の国際価格はそれに左右されるようになった。それに加えて投資マネーによる操作で油価は急上昇した。それを一八五九年の一バレル四十ドルと比較してみよう。その後の物価上昇や購買力（消費）の増加を考慮するなら、現在四千八百ドルになっても不思議ではないとの計算が成り立つらしい。

この数字は、ペンシルバニア州クロウフォード郡の土地評価に基づく税金の記録（一八五九と一九九〇を比較）からも充分通用する数字であるという。

その後、南北戦争が勃発して石油井掘削は一時中断された。しかし、一八八五年頃になると、ペンシルバニア州だけでも数千本の井戸が掘られている。

それでは当時、石油井戸を掘る候補地として、どのような場所が最適と考えられていたであろうか。I・C・ホワイトの背斜構造説出現前、石油地質学の知識など全くない事業推進者たちは、石油を掘り当てて利益をあげることだけが目的であった。

それは誰言うとなく次の三つであったと記録に残る。
一、川沿いの石油の滲み出しのある平坦地。
二、滲み出しがなくとも、それに続く土地。
三、砂利の多い場所。
理由はいくつかあったろう。

石油は液体だから、水同様谷間のくぼ地に溜っていると信じていた。それまでは、アパラチア山脈中の油の滲み出しは、ほとんどが川沿いの低地にあったためでもあろう。同時に、石油掘りの動力がスチーム・エンジンだったので水辺の平坦地が選ばれた。

ある時期、人類の利用した照明用油の中に石炭（乾溜）油があった。

イギリス人化学者J・ヤング（一八一一―一八八三）は、一八五〇年頃、石炭乾溜からパラフィン（蠟燭）を作る特許を得た。
それより前、一八四七年エジンバラ（スコットランド）近くの炭鉱から「黒い液体」が流出した。これからパラフィンが採れるかもしれないと考えた化学の先生が、当時、マンチェスターに住んでいたJ・ヤングに分析を依頼した。ヤングはパラフィンばかりでなく、同時に機械油、灯油、揮発油なども抽出した。そこで一八四八年、パラフィンと灯油の精製・販売会社を設立した。

この黒い液体から抽出したパラフィンは「蠟燭」に製品化したのはもちろんであるが、液体から抽出した灯油はランプに使用したので「パラフィン・オイル」と名付けられた。

ヤングは手始めに、炭鉱に流れ出るコールオイル（石炭油）を利用して事業を進めようとした。しかし、それはいつかは枯渇するであろうと予測した。他方、この湧出する液体は石炭が天然に加熱された結果生じたものであろうと推定した。

そこで、石炭を人工的に加熱（乾溜）すればコールオイルが発生すると見通し、スコットランド産石炭やビチュミナス・シェール（瀝青質頁岩）で実験し、自分の考えの正しさを立証した。

このようなことから、一八五〇年石炭乾溜工業を始めた。

ヤング法で作られた灯油は、石炭を乾溜した製品（商品）であったから「コール・オイル」と呼ばれた。材料が豊富な石炭であったので、一般の需要には充分応じられた。その結果、石炭乾溜工業は飛躍的に成長した。

このようにイギリスでは一八五〇年以降、コールオイルが市場に出始めた。しかし、一八七〇年代になると安価な石油からの灯油におされて経営が苦しくなってきた。多少明るい兆が見えてきたのは、副産物から硫安を作るようになってからであった。一八八〇年頃、石炭乾溜炉で、石炭に含まれる窒素ガスがアンモニアとして混入してくるので、これを使って硫安を作るようになったからである。

人類は太古の昔から夜の闇を照らすのに種々工夫をこらしてきた。火を使用して食物を調理すると同時に周囲を明るくする方法がある。焚火も照明の代用かもしれない。樹脂を燃やす松明もある。しかし、煤や煙、悪臭に悩まされたのではなかろうか。食糧に捕獲した獣脂も同様であった。

これに代わってゲイユ（鯨油）が用いられるようになったのは十世紀以降と言われる。日本では慶長年間（一五九六―一六一五）、太地（和歌山）で捕鯨業が始まった。

歴史的に見ると捕鯨には三つの時代があった。

一、十七、八世紀頃＝北極海のスピッツベルゲン付近で北極鯨の捕獲。主としてイギリス・ドイツ・フランス。

二、アメリカ式捕鯨＝十九世紀後半、マッコウ鯨・セミ鯨を目的に、捕鯨船は全世界の海に乗り出した。幕末の日本近海にも出没し、開港の契機に結びつけた。それが急激に衰退したのは、乱獲による資源の減少と、石油製品が普及したためである。

三、母船式捕鯨＝ノルウェイ方式による捕鯨。一九三一年にジュネーブ協定が成立。ヒゲクジラの捕獲が制限された。

十九世紀中頃、鯨を求めて日本近海に出没し、鯨油だけを採る目的から、その乱獲ぶりを日本の漁師にあきれ憤慨させた幕末「日米捕鯨戦争」について述べる（読売新聞・一九八三・一月二十二日夕刊）。

日本捕鯨の本場、和歌山や房総沖で、前近代的方法で鯨を追っていた幕末の頃、駿河湾の一名主が、一歩進んだ近代化に近い捕鯨を行うため、砲筒でモリ（銛）を射つ方法を江戸幕府に請願していた。

当時駿河湾での捕鯨は「ご禁制」であったが、はるばる太平洋を渡ってきたアメリカ船が、銃式銛（砲筒銛）で近海の鯨を「乱獲」していたことに憤慨したためであった。

その名主は、静岡県長沼の名門農業家・二十三代本左衛門であった。その名主が、文久四年（一八六四）から翌年にかけて幕府に提出した「捕鯨計画書」が残っているという。

それは当時の勘定奉行・松平対馬守正之に出されたもので、本左衛門が新式捕鯨法を説いてまわった漁村三十八カ所の同意書が添えてあるという。

その「捕鯨計画書」とは、全長十八メートルの元船の舳先に備えた連発砲から、最初の銛についている発煙筒の煙で鯨の行方を追い、しびれ薬を塗った二発目で動きを止め、小舟七～八隻からも次々に銛を投げ鯨にとどめを刺すというものであった。

当時、アメリカでは石油鉱業が始まったばかりで、灯火用鯨油は依然として生活必需品の重要物資であった。アメリカの捕鯨船は自国近海の鯨資源は捕りつくし、はるばる遠く太平洋を越えて日本近海まで来て操業していたので、沿岸漁民を驚かせた。その頃日本近海は鯨の宝庫だったのだ。

請願提出十年前、ペリー提督は下田を開港させた（下田条約・一八五四・安政元年）。真の目的は捕鯨船の補給、休養・安全のためであった。

わが国ではその頃、鯨は肉、油はもちろんのこと、はては肥料・農薬などにも使われた大型の資源であった。「一頭取れれば七浦栄える」と言われたほどであった。本左衛門は名主で捕鯨には全くの素人であったが、その書翰の中で「近海において砲術をもって鯨猟を致し候黒船も少なからず〜彼らのため国益を削られ候段、はなはだもって残念至極」とアメリカ船の横行に対する断腸の思いを訴えている。

長沼は開港した下田に近く、黒船の乱獲ぶりには漁民ならずとも目にあまるものがあったらしい。その上アメリカ船は、捕った鯨の油しか目的にないのだから、日本人が食用にする肉の部分などはすべて捨てていた。それを知った本左衛門は驚いたにちがいない。

請願は一年間続けられた。

最後に時の勘定奉行小栗上野介忠順（一八二七―一八六八）の名で許可された。時あたかも幕末、倒幕運動高まる中、動乱に巻き込まれて実現できず、慶応四年（一八六八）幕府は倒れてすべては終わってしまった。

それから約百四十年、鯨の保護者顔したアメリカの圧力に押されて苦境に立つ日本政府を思うとき、まさに隔世の感がある。

第二章　経営と技術

まえがき

東半球南部に分布する油・ガス田群を巨視的に見るなら、北アフリカではほぼ東西方向を示し、アラビア湾周辺では北西・東南方向に変わり、それがインドのボンベイ・ハイ（註2―1）を経てインドネシアに至り、再び東西方向に戻りオーストラリア北部に達する。東西数千キロメートル、広範な地域の石油産出層の地質時代は約一・五億年間の幅にある。

この広大な石油地帯を大陸移動以前の超大陸に重ね合わせると、ほぼテーティス海南岸沿いに平行する（**図9ａｂ、註2―2**）。

この章で述べようとするインドネシアの石油地帯は、その一連の弧状の東端に位置する。石油層の地質時代は第三紀層に限られるが、今日までの累計生産量から推定すると、それより古い地層からの上方移動があったのではないかと考えられる地域（中スマトラ）もある。

既述したように、油田開発の操業は古代からカスピ海などで行われていたが、ドレイク

図-9a　超大陸パンゲア約2億年前の陸地

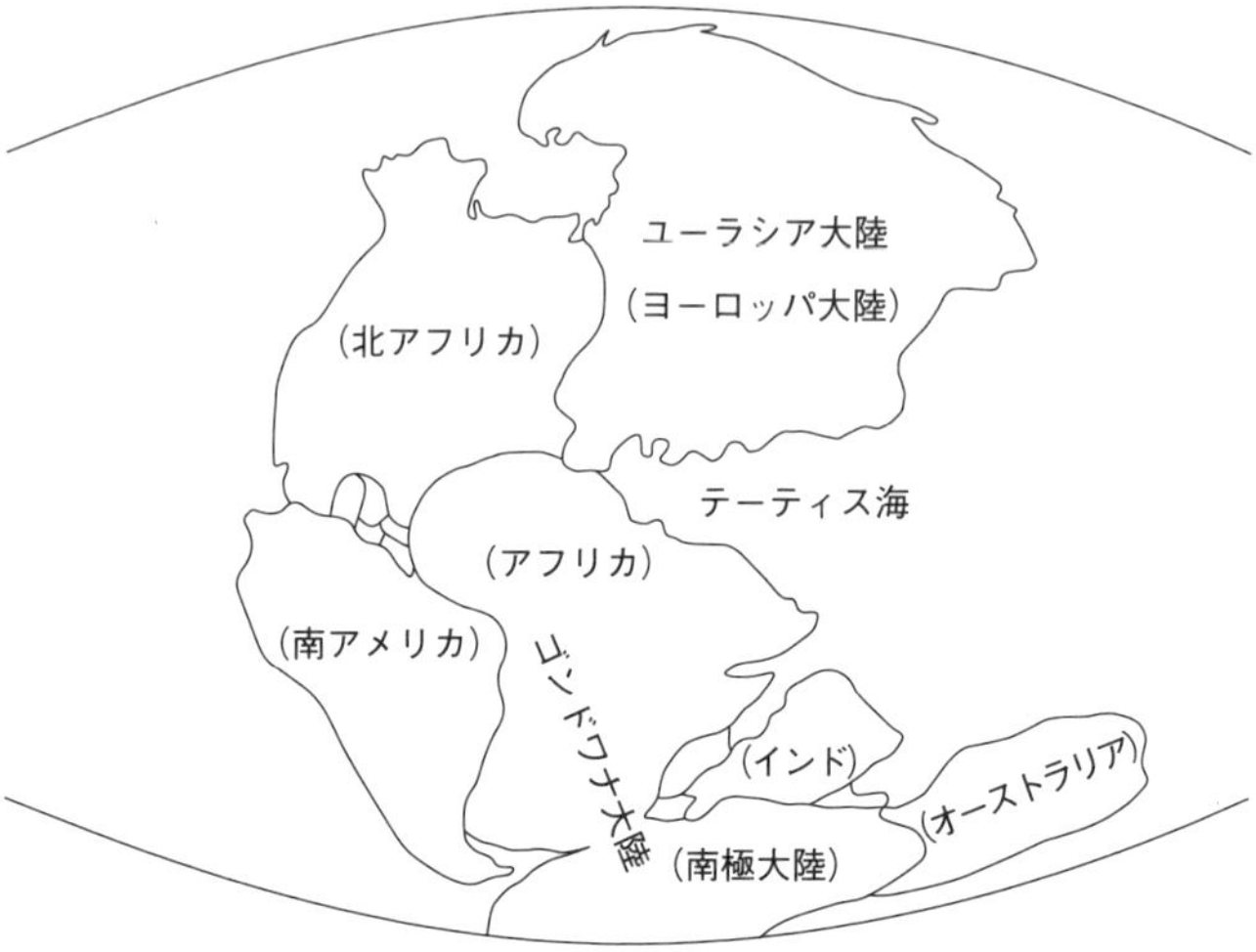

井（一八五九）に刺戟されて、汎世界的に目覚めることになった。

日本でも遅れずに（一八七四）石油滲み出しのあった裏日本で石油探査が始められた。しかし、先人の努力にもかかわらず石油鉱業が進展しなかったのは、諸外国に比べて生産量が少なく、採算がとれなかったためではなかろうか**（表1参照）**。

それとは対照的に、インドネシアでは浅いところにも充分な量のアブラがあり、当時の需要（灯油）を賄うことができた。このことは地下資源に恵まれていた証拠であり、井戸掘りという一種の土木工事的な作業が報われたのは幸運であった。

外国で作業をしてアブラに当たると、作

図-9b　超大陸分裂直後（白亜紀）

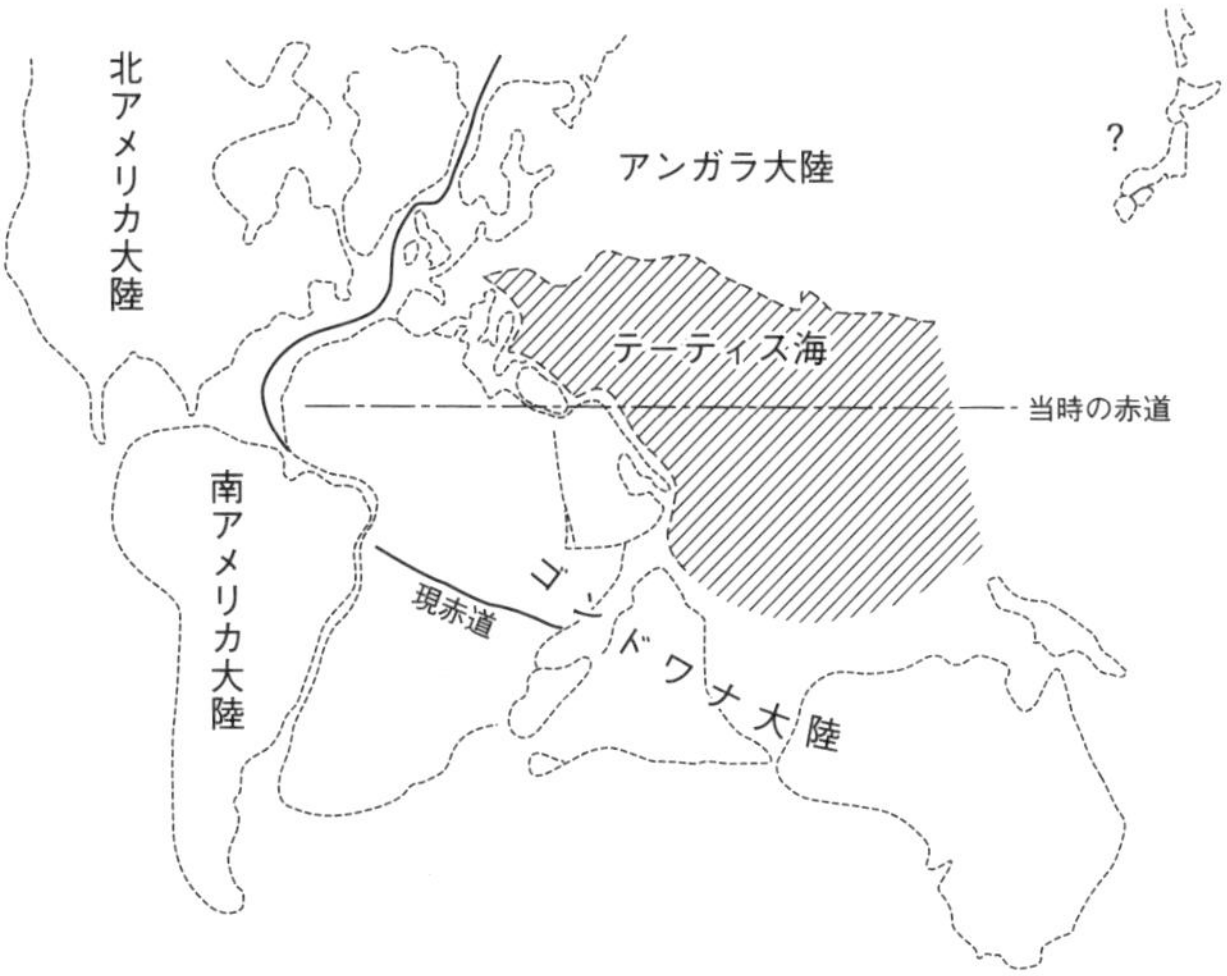

業中の各種請負会社（現場の作業はすべて請負）の人たちから、「ユーアー・ラッキー」と握手される。そして、セキユは技術ばかりではなく、運のあることを知るのは、当たった当事者のみの経験する新境地ではなかろうか。

経営と技術とは、石油探査事業推進には避けられぬジレンマである。それは利益か挑戦かでもある。利益をあげなければ会社は成り立たない。挑戦しなければ地下資源開発の未来は開けない。スマトラ島という約四十三万平方キロメートル（本州の約二倍）の土地で、イギリス・オランダ勢とアメリカ系二社（通称スタンバック・NKPMと通称カルテックス・NPPM）の対照

スマトラの油田開発で、掘削前に噴出したガスをMUDで押さえ込む作業

的な経営方針について述べる。

註2—1

ボンベイ・ハイ＝インド西海岸、ボンベイ（ムンバイ）沖アラビア湾にある油田。一九七四年に発見され、可採鉱量約十五億バレルで巨大油田にあげられる。

註2—2

テーティス海＝超大陸分裂前、北のユーラシア大陸と南のゴンドワナ大陸との間にあった海。東方に開いた深海で西は大陸に囲まれて終わる（**図9ab参照**）。

インドネシア（旧オランダ領東印度）における石油開発史

石油会社が商業油田発見まで試行錯誤する技術的経緯を踏まえて、事業を発展させる経営について、戦前、旧オランダ領東印度での対照的な会社経営について述べる。

インドネシアの国歌は次の詞で始まる。

我らが祖国インドネシア（TANAH AIR KU INDONESIA）
サバンからムラウケまで（DARI SABANG SAMPAI MERAUKE）

……………

インドネシアの国土は、西はインド洋に浮かぶサバン島から、東はイリヤン・ジャヤ（西ニューギニア）のムラウケ（アラフラ海側）まで、東西約五千キロメートル、一万を超える島々から構成される。

オランダの植民地時代、その豊かな資源、石油、ゴム、香辛料などを産出した。そこから生まれた富は、東西に広がる島の形に似せて、女王様のネックレスと言われたほどであった。

ここで起業し操業を続けている次の三つの世界的石油会社について述べる（図―10）。

ロイヤル・ダッチ・シェル（一九〇七年合併創立）

オランダ・コロニアル社（NKPM。一九一二年・アメリカ・スタンバック系）

オランダ太平洋石油（NPPM。一九三〇年・アメリカ・カルテックス系）

「得体の知れぬ黒い液体」の存在は古くから住民に知られていた。そして、万国共通のこととして、誰言うとなく薬用、希に灯火用として使っていた。白人がこの国に来るように

図-10　インドネシアの油田群

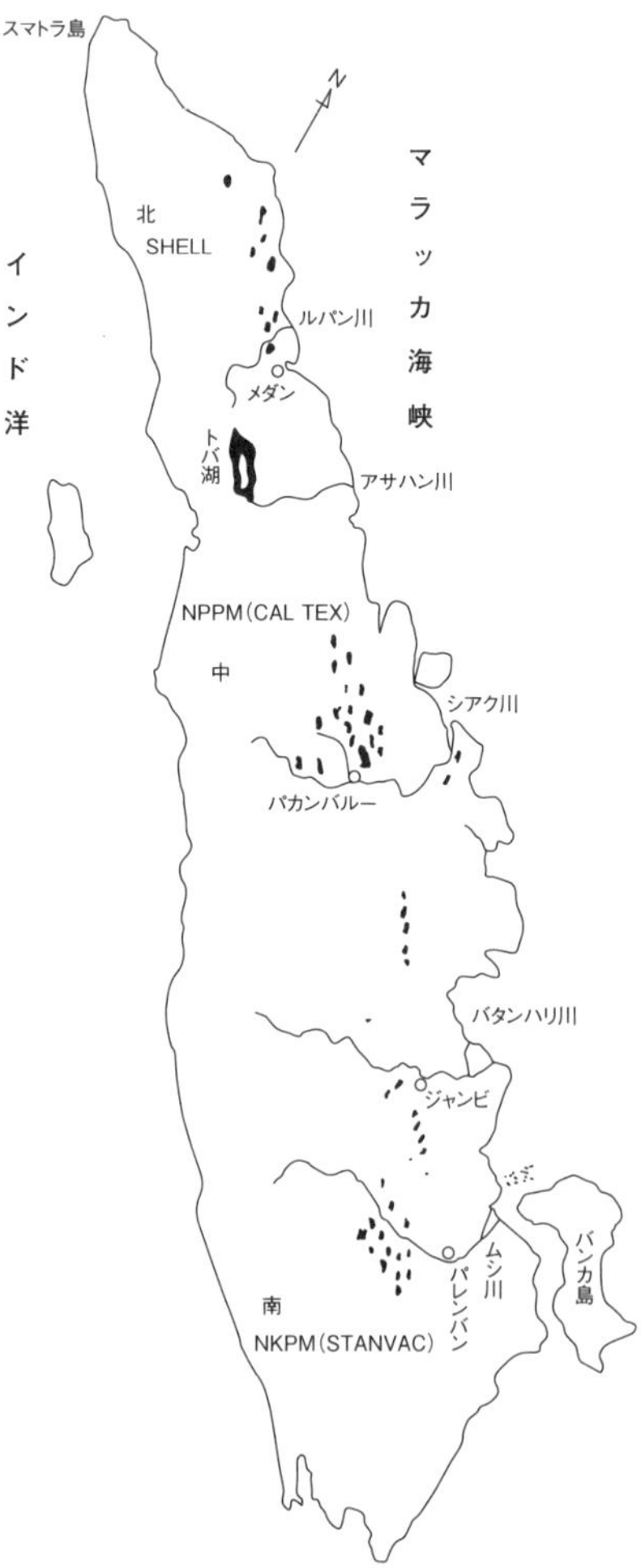

なってから、物珍しい話として本国に伝えられた。この黒い液体が企業対象として取りあげられるようになったのは、一八五九年ドレイク井の成功に刺激されてからという。

その頃、政府も人を派遣して各地の滲み出し地調査をしたらしい。しかし、大量の石油採取は難しいとの判断で、政府の乗り出しは控えたようである。そうこうしているうち、三つの地域で石油採掘業者が自然発生的に誕生した（図―11）。

図-11　インドネシア（旧東印度諸島）石油会社発祥地

1	北スマトラ(1891)	ロイヤルダッチ石油会社
2	南スマトラ(1897)	ムアラエニム石油会社
3	ジャワ(1889)	ドルチェ石油会社
4	東ボルネオ	シェル輸送会社

一八八九年（明治二十二）、ドルチェ石油会社（ジャワ）

設立者は土木技師であった。

仕事の関係から水井戸を掘った経験があり、飲料水には最も好ましくない塩水や黒い液体の混入などを避ける必要から、石油の採掘にも自信をもっていたらしい。公職を退いてから採掘事業を始めるようになった。

会社は幸いにも第一井（クルカ・リダ・スラバ

ヤ近郊）から浅い深度で当たり、設立当初の一八八九年には約三百トン、翌年には千三百トンの生産をあげた。これは当国最初の公式記録になった。

早速、製油所をウオノクロモ（スラバヤ近郊・東ジャワ）に建設、製品の販売を始めた。この会社の採取原油は、灯油成分が五〇％近く占めていた。それのみしか需要のなかった当時、望ましい原油であった。

その後、事業は着実に成長し、一八九三年にはチェプー（東ジャワ）にも新油田を開発した。

ドルチェ会社の製品は、生産費が低いこともあって製品は安価で、その後の競争にも耐え残った。やがてロイヤル・ダッチ・シェルに吸収されたが（一九〇七）、ジャワ市場をほぼ独占していた。

次いでロイヤル・ダッチ（北スマトラ）が誕生した。一八九一年（明治二十四）であった。

スマトラ島北部、マラッカ海峡に面する東海岸平野にメダンの街がある。華僑はこれを「綿蘭」と書く。

その周辺は気候風土の穏やかなところである。古くから管理の行き届いた多くの大農園がある。主たる生産物はゴム、タバコ、麻、ヤシ油などで、加えて各種果物バナナ、マンゴスチン、パイナップル、パパイア、ランブータンなどを豊富に産する。

一八八〇年、夏のある日、東スマトラ・デリイ・タバコ会社支配人A・J・ゼルケルは強風雨に見舞われ、農園内の小屋に閉じこめられて一夜を明かすことになった。心配したマンドール（使用人監督）が手に明りを持ってやって来た。それを見た「びしょ濡れ」のゼルケルは、いつもと違った明るさに気づいた。早速、マンドールに尋ねると、マンドールは、いつもの松脂を付けた松明ではなく、地中から滲み出た黒い液体（ミネラル・ワックス）で、村の人たちが川を行き来する小舟の防水に使っているものだと答えた。

次の日、ゼルケルはマンドールと共にその滲み出し地に行くことにした。ゼルケルはその現場で、臭いが、近年輸入している灯油（ケロシン）に似ているのに気づいた。早速、それをバタビア（現ジャカルタ）に送り分析を依頼した。当時、バタビアは植民地の首都であった。

分析した結果、その滲み出し油には約六〇パーセントの灯油成分のあることがわかった。

それに勇気づけられたゼルケルは、ランカット郡の統治者スルタン（君主）に鉱区を申請し、一八八五年第一井を掘り、石油に当たったといわれている。メダンの北約百キロメ

図-12　テラガサイド油田

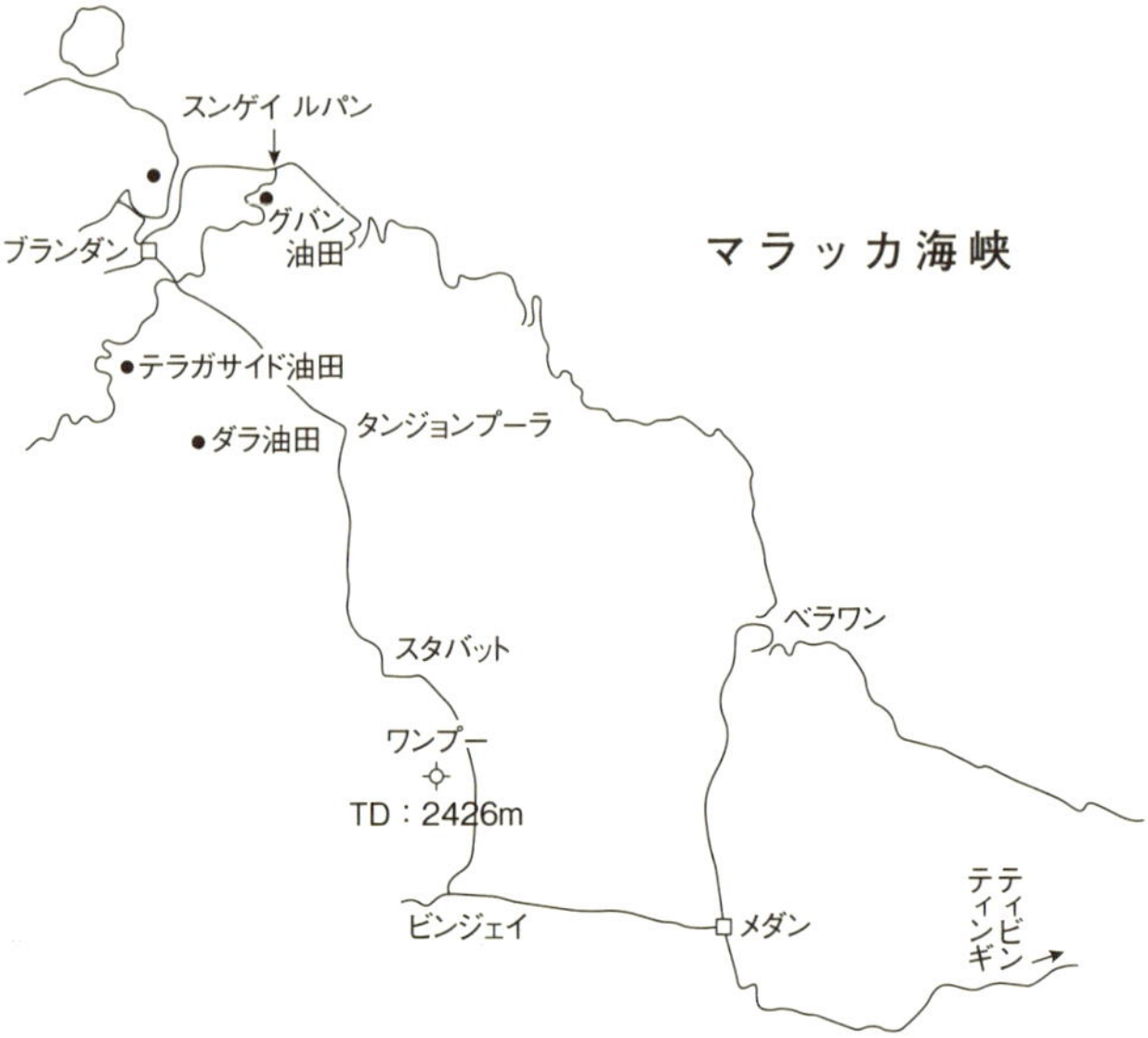

ートルのところである。

　生産地は後年、テラガサイド油田と名付けられた。サルタンに敬意を表したのだろうか。テラガとはインドネシア語で井戸を意味する（図―12）。

　その後、約五十年間稼働され百万トン余の石油を生産した。量的には多くはないが、北スマトラ最初の油田として名を残した。

　ゼルケルは企業家B・A・ケスラー（一八五〇―一九〇〇）の援助を得て事業を推進させた。しかし、会社の業績ははかばかしくはならなかった。やがてゼルケルは病に伏し、せっかくの石油井戸も川沿いの低地にあって洪水に見舞われたり、悪いことに井戸に火がつくなどの不運が続いたりした。

それでも仕事を引き継いだケスラーの努力の甲斐あって、一八九一年末、マラッカ海峡に面する港町パンカラン・ブランダンに製油所を建設、十キロメートルのパイプラインもほどなく完成した。

テラガサイド油田産原油もジャワ産原油同様、灯油成分が半分近く占める軽質油で、当時の需要を賄うランプか調理用には好都合であった。まだまだ自動車など世にはなく、ガソリンは無用の長物で焼き捨てられていた。そのため、製油所近くには常に黒煙が立ち昇っていたらしい。

一八九二年、ケスラーはマーカス・サムエル商会の斡旋で、テラガサイド油田から得たケロシンを「クラウン・オイル」と名付けて輸出した。

その後、新油層の発見や製品の値上がりもあって、会社の財政は好転し一八九四年には株主へ配当するようになった。

このようにしてロイヤル・ダッチは二十世紀直前、スマトラ島北部に基地をもつ有力な会社に成長した。

マーカス・サムエル商会の名は、一八八〇年代ロンドン界隈では知られていた。

商売の手始めは東ロンドン・ドック付近に店をもち、外航船クルーの持ち帰る珍しい土産品の売買から始めた。一八五一年の市勢調査によれば、「シェル・マーチャント（貝殻取扱業者）」として登録されていた。当初、主たる商品は船員たちから買い取った珍しい綺麗な貝殻をちりばめて作った小箱や装飾品類など、少女相手の品物であったという。やがて次第に富を積み重ね、一八六〇年代には珍しい熱帯動物の皮革、香辛料などを入れていた木材（黒檀、紫檀）、錫（スズ）の食器なども取り扱うようになった。さらに、完成品の機織械《はたおりき》などの取り扱いを始めて日本に輸出していた。やがてスエズ運河が完成（一八六九）、一八七〇年になるとロンドン・ボンベイ間の電話開設、時を経ずしてシンガポール、香港、神戸、シドニーにまで電話連絡は可能になった。

このような文明の利器を手掛りに、主としてアジア、極東に商売を広げていった。

息子マーカス・サムエル・ジュニアは一八三五年生れ、少年の頃から父の手助けをしていたらしい。父の他界後、弟とサムエル・ブラザーズ商会を設立し、その事務所は横浜、次いで神戸に移転し、日本の近代工業化に貢献した。特に日清戦争（一八九四―一八九五）では、武器を含む戦略物資の取り扱いで巨満の富（?）を得たのではなかったろうか。

それにあわせるかのように、商会は一八九三年頃、数多くの船舶（タンカーなど）を進水させた。船名にはそれぞれ貝殻の名を付けている。いろいろな名があったらしい。

他方、人を使ってサラワク（現マレーシア）の石油滲み出し地の調査をした。一八九七年には井戸を掘り石油に当たっている。この石油は重質油に属し、最も需要の多い灯油成分含有は少なかった。しかし、シェル運輸貿易会社の関係するボルネオ石油は、その重質油を船舶などの燃料に、石炭に代わって使用すべく販路を見い出そうとした。

さらに会社の将来を見据え、ロスチャイルドと手を組んだ。

十九世紀末、世界のオイル・マーケットは、といってもほとんどが灯油（ケロシン）であったが、ロックフェラーのスタンダードオイル（一八七〇年設立）に占められていた。それに対して、バクー（カスピ海）を経営するノーベル兄弟石油会社は、次第にヨーロッパから隔絶された場所にあったが、豊富な資源と最新式精製装置を導入し、次第にヨーロッパ市場にも浸透していった。さらに一八八三年にはロスチャイルドの資金を得て販路を伸ばした。

既述の如く、十九世紀末、世界の石油生産量はペンシルバニアとバクーで二分していた。それに対して東印度諸島では中小企業が群立し、生産量は世界の三パーセントにすぎない微々たるものであった。


第三の会社はムアラエニム社（南スマトラ・パレンバン）である。

一八九七年（明治三十）創業。

この会社の鉱区は、パレンバン市南西約百キロメートル、ムアラエニム付近にあった。近くにはカンポン・ミニヤ（油の村落）と呼ばれる場所があり、文字どおり油の滲み出しがあった。

総じて、この国では平坦な川筋近くに人は住み、そこに油の滲み出しが多かったようである。後述する当国戦前の最大油田タラン・アカールペンドポはその北約五十キロメートルのところにある。


ロイヤル・ダッチの社長A・ケスラーは一九〇〇年、四十七歳の若さで他界した。その後をH・W・デターディング（一八六六―一九三八）が継いだ。

デターディングはアムステルダム生まれ、早くに父を亡くした。長ずるに及んで経理事務の能力に秀で銀行に勤めを得た。

当時の多くの青年の一人として、デターディングもまた海外（植民地）の仕事に憧れ、オランダの銀行企業の一部であったオランダ貿易金融会社の代理人として、メダン（北スマトラ）やペナン（マレーシア）に事務所を設置した。そのような関係から、アムステルダム以来の旧友ケスラーのロイヤル・ダッチにも融資していた。

新しくロイヤル・ダッチの社長になったデターディングは、アメリカのスタンダード、バクー・ロシアのノーベル石油会社に伍してゆくためには、群立する中小オランダ植民地石油会社の団結が必要と考え、ドルチェ（ジャワ）・ムアラエニム（パレンバン）二社と話し合い、販売協定組合を設立した。

さらにサムエル商会のシェル運輸会社を説得し、組合への加入を誘った。この会社にはロスチャイルド銀行も関係していたので、結果的にはイギリス・オランダが手を組むことになった。

このように団結してアメリカ勢に対抗、アジアでは着実に販路を開拓していった。その上、将来の石油需要の伸びを見通し、アジアに留まらず、それ以外の地域にも進出しようとし、一九〇七年（明治四十）一月に大同団結、ロイヤル・ダッチ・シェルの資本団を結成した。

この会社の一部はオランダ（ハーグ）に社屋を置き、石油の探査、開発を行うB・P・M（バタフセ・ペトロレアム・マスカペイ）とし、他の一部はイギリス（ロンドン）に置いて精製・貯蔵・運輸・販売を担当するシェルとして仕事を分担した。

新会社はイギリス政府の支持も得て、その後の発展には目覚しいものがあった。

一九一二年アメリカに進出、イリノイ・オクラホマの油田を買収しシェル・ユニオン社を設立した。さらにカリフォルニアにも手を伸ばしたので、同社生産量の半分近くがアメリカ国内からのものになり、真正面からアメリカに対抗する結果になった。

既述したが、旧オランダ領東印度の生産量は全世界の三パーセントにも満たぬ微々たるものであった。しかし、デターディングの方針は、オランダ勢の団結（合併）によって生産量を保ち、将来の需要に応じようと意図したものであった。

時代を遡るまでもなく、十八世紀から十九世紀にかけて人類社会は産業革命を経験した。それは工業化によって生産品を飛躍的に増加させると同時に、その市場を自国以外の国々に求め、併せて原料（資源）確保のため植民地化を進めた。それは連鎖反応を起こし、あらゆる部門に近代化（国際化）を波及させた。

得体の知れぬ黒い液体から抽出されたケロシン（灯油）が、当時のいかなる照明用商品よりも勝れていたことが石油鉱業の発展を裏づけた。

他方、アメリカにT・エディソン（一八四七―一九三一）が生まれた。発明家エディソンの業績の中で、特に電灯事業に注目する。一八八二年、中央発電所を建設、電灯会社を設立した。この電気の発明は、時を移さずヨーロッパにも伝わり、ようやくその価値を認められた灯油の存在に影響を与えるのではないかと思われた。日の目を見た新興石油産業は、アパラチア山中に限られる「田舎産業」の域に留まるのではないかと思われそうな時がないわけではなかった。

しかし、二十世紀に入ると思わぬものが出現した。自動車であった。この自動車は石油そのものを消費する巨大な産業に成長し始めた。

ロイヤル・ダッチ・シェルの誕生はこのような背景の中にあった。それは産業革命に次ぐ「ポスト産業革命」を担ったと言えはしないだろうか。

ロイヤル・ダッチ・シェルのこのような急速な成長をスタンダードは黙視していたわけではない。その間、オランダ領東印度に鉱区を取得すべく幾度となく努力し続けた。二十世紀に入る直前のことであった。一度はムアラエニム社を買収しようとしたが、成功しなかった。これはオランダ政府の妨害があったためらしい。

このようにして、オランダ・イギリス資本は協力してアメリカ資本を東南アジアから締め出していた。

言うまでもなく、オランダは一六〇二年、東印度株式会社を設立してアジアに進出した。やがて一六一九年に事務所をジャワ島のバタビア（現ジャヤカルタ）に置き、ポルトガルを追い出し、イギリスと競合しながら植民地を経営していった。

それ故、石油事業でも独占・排他的に手掛けることが可能であった。

石油という目に見えぬ液体地下資源探査方法は初めから理論があったわけではない。黒い滲み出しは住民からの情報が何よりで、それを手掛りにして井戸を掘ることから出発した。そして使用する機械（スチームエンジン）には水が欠かせなかったので、水辺に近いところが好まれた。この国では川沿いの低地や河口近くに滲み出し地が多くあり、それだけ人目につきやすかったようである。

言わばそのような場所にカン（勘）を頼りに素人が手掛ける前近代的なものであった。

しかし、二十世紀に入る直前、その探査方法に有力な見通しを与えてくれたのは、アメリカ人I・C・ホワイトであったことは上述した。

ホワイトは次のように書いている。

「大きな生産量をもつガス井は、すべて背斜構造の上に位置しているが、すべての背斜構造の上にガス井があるわけではない」

もし、地下にそのような「お椀」を伏せた高まりがあるなら、地表にも地下の状態が反映するであろう。地形に高まりがあると、川の流れはそれを避けて流路を変え、湾曲したりしよう。そのような場所に油の滲み出しがあるなら、井戸を掘る最優先の候補地に選ばれる。

さらに、運良く浅い深度に石油があれば、掘る期間は短く費用も抑えられる。製品化して販売するなら資金の回収も早い。十九世紀末、この国で進められた油田開発は、すべてこのような条件を満たしていた。

一九〇七年以降、大同団結したロイヤル・ダッチ・シェルは、以前は、中小他社企業所有のジャワ・スマトラなどの浅い深度の石油を採取することで、必要にして充分な量の入手が可能であった。加えて植民地支配の立場から独占的にビジネスが可能であった。さらに資源が豊富であったことも幸いした。

そのような場所であったため、前述したようにスタンダード（アメリカ）も見逃せず、鉱区を取得すべく努力し続けた。一度はムアラエニム（南スマトラ）を買収しようとしたが、話が進まなかったのはオランダ政府の妨害があったとも言われ、その背後にロイヤル・ダッチの影響がなかったとはいえない。

しかし、一九〇七年以降積極策に出たデターディングがアメリカに進出、成果をあげつつあったので、それとの取り引きに、オランダ政府もアメリカ勢の進出を認めざるを得なくなってきた。

その結果、一九一二年（大正元）にアメリカ勢スタンダード系は鉱区取得の許可を得て、オランダ・コロニアル社（ＮＫＰＭ）を設立した。

この会社が入手した鉱区のほとんどは、シェル・グループが一度は手掛けて可能性なしと判断した場所だったらしく、政府の認可にシェルの特別の反対はなかった。

コロニアル社はスマトラ・ジャワ・ボルネオ（現カリマンタン）の各地で鋭意作業を進めた。しかし、その後の成果ははかばかしくなかった。確かに石油は出たことは出たが量は少なく、最も期待していたタランアカール鉱区（南スマトラ・パレンバン）は、石油会社発祥地ムアラエニムに近く、付近では豊富に産出する地層に、なぜかこの地に限ってほとんど含まれていないという不運な結果が加わった。

そのこともあって苦節十年の甲斐なく、東インド諸島すべての事業を日本石油に売却すべく打診してきた。一九一九年（大正八）のことであった。

早速、同社は調査隊を派遣し検討を始めた。

調査隊の結果では、その中でも特にタランアカールが有望で、掘削中の二号井の様子から考えられる地下構造を推定すると、この鉱区一カ所だけでもコロニアル社東印度の全資産に匹敵する価値ありとの判断を得た。

それを聞いた日石首脳は色めき立ち、早速、交渉に当たることにし、政府に協力を求めた。当時の海軍省もためらうことなく援助を約束したという。しかし、大蔵省は低金利資金の貸し出しには賛成してくれなかった。日石社長は時の大蔵大臣高橋是清を、休暇中の那須別邸に訪ねて懇望したが、結局、話は不調に終わってしまった。

そうこうしているうちに、当初の売却費四百万ドルが六百万ドルに跳ね上がり、国内での難渋もあって、売却話は一方的に打ち切られてしまった。

理由は当鉱区付近で産出する深度二百メートル（浅層）にはなかったが（それ故、一度は試みたシェルが諦めた）、七百メートルまで掘り下げて成功した。

一九二二年（大正十一）、四坑目でようやく商業井発見に漕ぎつけた。

コロニアル社は直ちに製油所をパレンバン市郊外ゲロン川沿いに建設した。それ故、この製油所の名称はスンゲイ・ゲロンと呼ばれた。スンゲイとは川の意味である。先の大戦で落下傘部隊「空の神兵」降下の場所である。

シェル社の目的層（探鉱方針）は、浅い深度に含まれる石油であった。十九世紀末以来、ジャワ東部やスマトラ南部で操業していた企業の集合体であり、その手法を受け継ぐことで充分な量の生産を保つことができた。採油層が浅ければ開発・生産費用は少なく投下資本の回収も早い。

それとは対照的に、二十世紀になってから参入した後発のコロニアル社の場合、取得鉱区が、前者が既に手掛けて石油はないと判断して手放した「お下り」の場所であったなら、手つかずの油層（浅層ではなく深層）を狙わざるを得なかったであろう。充分な量の存在が確認できたら利益につながり企業は成り立つ。企業の利益優先という基本的な考えが、一方を諦めさせ他方を勇気づけたことになった。

タランアカールはその後の開発で隣接するペンドポと併せ、太平洋戦争前、東印度で最大級の油田になり、約三億バレルを生産した。

目前でアメリカ勢の成果を知り、シェルの技術者たちはどう思ったであろうか。その場所は一昔前、可能性ないと放棄したところなのだ。

シェルはその後、一九二九年に北スマトラでラントウ油田を開発した。油層は二百八十メートルから八百十メートルまで三十一層あり、まさにシェル好みの浅層油田であった。苦心して深層に手を出す必要を感じなかったであろう。

このような浅層志向はその後、パカンバルー（中スマトラ）周辺で大魚を逃すことになった。

一九三〇年設立のオランダ太平洋石油（ＮＰＰＭ・カルテックス・アメリカ）がパカンバルー周辺に鉱区を取得したからである。

その周辺は、通称「パカンバルーの東」と呼ばれ、シェル技術者から石油不毛の地として見向きもされなかった。二十世紀初めから、ほぼ独占的に石油探査を行い、アメリカ勢に対してはオランダ政府と組んで東印度諸島への進出を極力妨害していたシェルが、なぜかスマトラ島中央部、アサハン川からバタンハリ川までの間に、一片の鉱区すら取得しなかった（**図―13**）。

理由の一つとして、そこに石油やガス滲み出し情報のなかったことがあろう。一帯は湿

図-13　スマトラ島の地勢

地帯やジャングルで、他地域のように住民からの情報がなかったことがあげられる。

　他方、地質学的には、このほうが地下資源探査には重要な要素であるが、シェルの浅層指向思想があったためではなかろうか。

　かつてパカンバルー周辺を調査したシェルの技術者の一人は、そこを流れるロカン川筋に分布する陶土（カオリン）の中に、鋭利な割れ目をもつ小さな石英粒を見出した。それと同じ型の石英がパカンバルー飛行場にもあったという。調査者はこの事実から、石油を全く含まない花崗岩（グラニット）がマレー半島からパカンバルーにまでのびていると判

図-14　スンダ・ランド

断した。

それは南西アジア大陸の地質解釈に用いられた「スンダ・ランド」（スンダ陸塊）という概念であった（**図―14**）。

スンダ陸塊は、古い地質時代（約六千万年前）に存在していた南アジア大陸塊に付けられた名称である。

インドシナ半島（ベトナム・カンボジア）からマレー半島を経て、スマトラ、ボルネオ（カリマンタン）に及ぶ大陸塊の一部で、その南端はジャワ海、水深二百メートルのところにあるとの推定である。

このような考え方は、当時、バンドン地質調査所に勤務し、広く東印度諸島全般の調査を行っていたR・W・ベンメレンにも支持されていた。

ベンメレンは多くの資料から、スンダ陸塊はスマトラ島パカンバルーの東にまでのびていると判断した。そが当時の正統派の考えであった。シェルの技術者たちは、現地の地質に詳しい母国の大先輩の意見に従い、それをパカンバルー飛行場の石英粒子に結びつけた。これがシェル技術者をして中スマトラに一片の鉱区すら取得しようとしなかった地質学的理由と同時に、越えられぬ既成概念（メンタルバリアー）になってしまった。後述する。

一九三〇年になるとシェルには予期せぬことが起きた。太平洋石油（ＮＰＰＭ・アメリカ・カルテックス）が、石油不毛の地パカンバルー周辺に鉱区を取得したことであった。

太平洋石油は会社設立後予備調査を行い、本格的探査は一九三五年から着手した。

既に述べたように、パカンバルー周辺は湿地帯が多く地層の露出はほとんどない。そのため深さ約六、七メートルの溝を縦横に掘って、風化を受けていない地層を調べる方法を採った。それと西側にあるバリサン山脈（スマトラ島の脊梁山脈）に露出している地層との比較を行った。その結果、石油生成に必要充分な厚さの地層を確認した。

最初の油田セバンガは一九三九年に発見した。

それは粘性の高い（ビスコウス）油であった。この蠟分の多い原油は石油の成因に重要な鍵を持っている。後述する。

東南アジア最大のミナス油田は、パカンバルーの北約三十キロメートルのところにある。原油鉱量約四十億バレル、天然ガスを含めると約七十億バレルを超える巨大油田である。その存在は奇しくも日本の「サイユタイ」によって確認された。

一九四一年に太平洋戦争が始まると、民間石油会社関係者で組織された「サイユタイ——採油隊」が誕生した。そして、いわゆる南洋（東南アジア）の石油産出地域、ビルマとインドネシアに派遣された。当時の日本は、ＡＢＣＤ（アメリカ・イギリス・チャイナ・オランダ）による経済封鎖を受けたので、東印度の石油確保は最優先の課題であった。

スマトラ島での採油隊の仕事は、北のラントウ油田復旧、中のパカンバルー周辺、南はパレンバン周辺の油田開発、製油所の修復などであった。

パカンバルーに進出した採油隊は、その南を流れるシアク川との間約千六百平方キロメートル一帯は、太平洋石油（ＮＰＰＭ）による初期採査活動は終わり、そこにセバンガ・ドウリ油田の存在を知った。新しくミナス構造が確認され、試掘位置も決まり、作業道路も完成して掘削直前の状態にあることを目の当たりにした。

採油隊の記録によれば、掘った石油井の位置は、ＡとＢ二つあった候補地のＢであった。一九四三年末から翌年にかけて作業を進め、千二百五十メートルまで掘り進み有望な油層を発見した。その深度は六百四十三メートルから七百四十六メートルの間であった。

ミナス構造はミナス油田として誕生した。

ここまで十九世紀末から二十世紀にかけて旧オランダ領東印度諸島に繰り広げられた、石油探査に従事してきた三社の黎明期の活動について述べてきた。

オランダ・イギリス系石油会社のめざした石油鉱床（石油層）は、一貫して浅層であった。地質学的用語で表わすなら「海退相」（レグレッシブ・ファシース）に溜まった石油である。それに対して遅れて参入したアメリカ系二社のそれは、シェルが一度は試して可能性なしと判断した鉱区か、石油不毛の地と見做された場所での探査であるから、シェルの考えていなかった深層、「海進相」（トランスグレッシブ・ファシース）を狙わざるを得なかったのではなかろうか。

海進とは、文字どおり海が陸地にむかい進入する現象を言い、相対的に陸地沈降、海水面上昇である。海退はその逆で、海が退き、海面下の土地が陸地になることである。

盛唐の詩人劉希夷《りゅうきい》（六五一―六七九？）の漢詩、「白頭を悲しむ翁に代わる」の部分、「更に聞く桑田《そうでん》変じて海と成るを」の桑田変じて滄海《そうかい》になる自然営力を言う。

図-15　海進(トランスグレッシブ)と海退(レグレッシブ)の石油の溜まり方

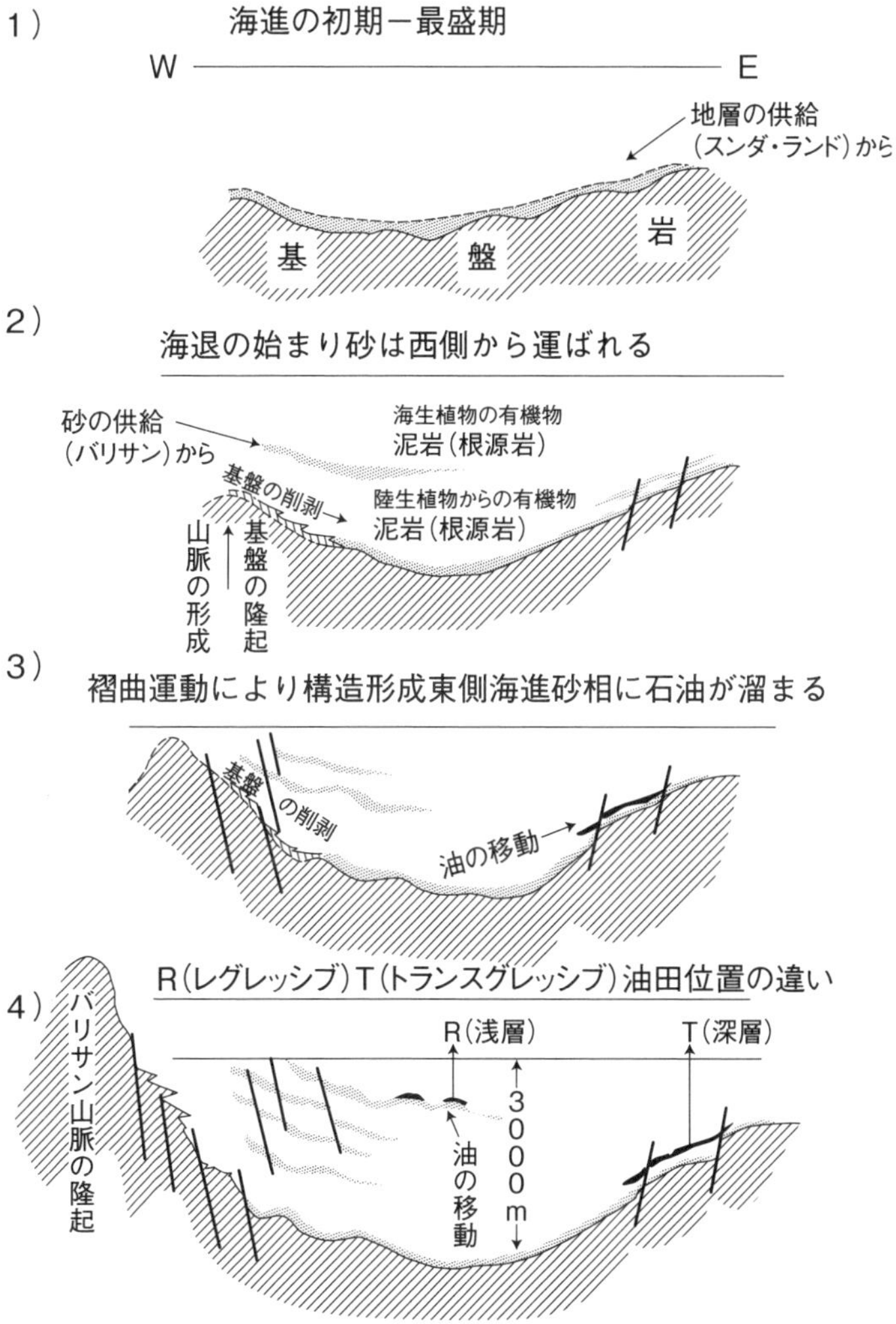

他方、これを地下にある油層の深度（垂直位置）と場所（水平・地理的位置）に表わしたのが**図―15**である。また、**図―16**に示すように、パレンバン周辺では、深層は海岸寄りに、浅層は山寄りに分かれる。

このように、深層に石油がある場所では浅層に石油はなく、その逆も成り立たない。シェルが一度は試みて諦めた場所では深く掘らない限りアブラには当たらないのである。

図-16　南スマトラの油田分布と基盤深度

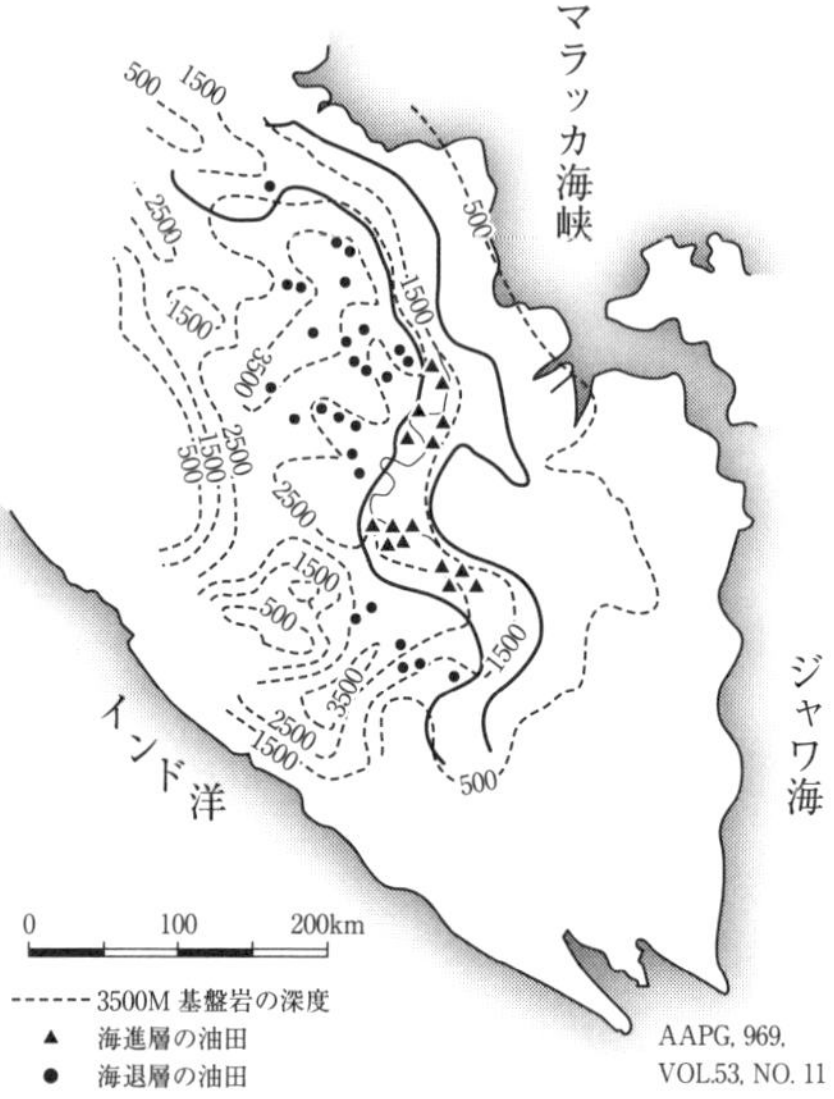

石油は水成岩（海や湖沼の水底に堆積した地層）中に含まれる有機物（主として植物）から発生する。

陸上植物が蓄える栄養源としての脂質は固体の蠟分（ワックス）である。外部からの水の侵入（防水）、外皮などの破損を最小に抑え、また各種菌類の発生、昆虫などからの保護を目的にする。

　これとは対照的に、水中（淡水・塩水を問わず）に生棲する植物の組織には、その内部に貯蔵する栄養源としての脂質は、水との隔離、浮力を保つことなどから液体状になる。

　それ故、水中生物のつくる有機物の炭素数は二十一個までで、陸上のそれはそれ以上三十七個までになる（J・M・ハント・一九七九）。

表-3　地質時代の呼称と年代

			0
新生代	第四紀	完新世（沖積世）	0.01
		更新世（洪積世）	2
	第三紀	鮮新世	7
		中新世	26
		漸新世	37
		始新世	53
		暁新世	65
中生代	白亜紀		143
	ジュラ紀		212
	三畳紀（トリアス）		247
古生代	二畳紀（ペルム）		289
	石炭紀		367
	デボン紀		416
	シルル紀		446
	オルドビス紀		509
	カンブリア紀		575
先カンブリア紀	原生代（アルゴンキア紀）		2500
	太古代（始生代）		

（単位：100万年）


　このことは、原油中に含まれる蠟分（ワックス）の含有量比較から、高分子炭化水素の原油と、低分子炭化水素原油の生成環境を推定する有力な手掛りが得られる。

　スマトラ島の石油産地は、スンダ・ランド

とバリサン山脈（スンダ造山帯）の間にある（図―14）。

この産油地帯に地層が溜まり始めたのは第三紀（中新世）からである（表―3参照）。それ以前からも地層の堆積があったかもしれないが確認されていない。北スマトラでは三畳紀（トリアス・中生代）の変質した岩石にアンモナイトが見つかっている。

地層の堆積は海進で始まる。

そこに広がった海は、スンダ・ランドの南西、インド洋に広がる「開かれた海」であった。したがって、堆積物はスンダ陸塊からのみの供給で多量の陸生植物（ワックス分の多い）を含む有機物である。更に海進が進むと、供給される堆積物の量が多くなって重量が加わる。そのため受け皿の基盤岩は沈降する。地質用語では地殻均衡（アイソスタシー、註2―1）と言う。そのような現象で地層の堆積が進み、三千メートルほどの厚さになる（なった）場所を堆積盆地、または石油区とも名づける。

このような地殻均衡が誘発して、同時にスンダ造山帯が隆起し、バリサン山脈の形成が芽生え始めた。

このような地質現象の変化をうけ、スンダ・ランドの前面に生じた開かれた海は次第に狭められ、外海とは遮断された。そこにスンダ造山帯から風化をうけて削剥された地層が溜り、海は次第に浅くなって海退にむかったと考えられる。

　この狭められたマラッカ海峡の先駆的な海には、純海成の有機物が成長し、そこには陸生植物にくらべて炭素数の少ない（二十一個以下）植物が生ずる環境に変化した。

　このように海進時に生じた（堆積した）地層と海退期のそれとの供給源は異なり、その中に含まれる有機物にも陸成源と純海成源との違いが生ずる。

図-17　石油の生成過程

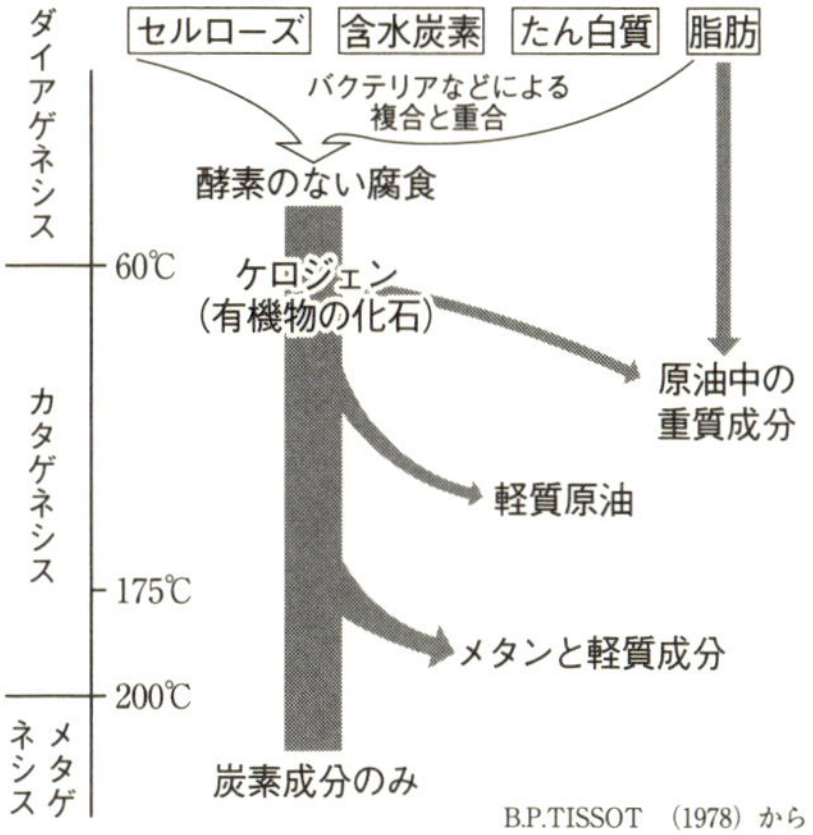

B.P.TISSOT（1978）から

　地下に埋められた有機物から石油が発生するためには、地層の圧密と温度の上昇が必要になる（**図—17、註2—2**）。

　スマトラ島の場合は二段階に大別される。

　初期は海進期の地層からであり、晩期は海退期の地層からと解釈する。それ故、図—15に示すように、前者は東側に、後者は西側に、それぞれ分かれて集積した。

　これが油田の位置、油層の深度とさらに油質にも差異をもたらした原因である。

注2―1

地殻均衡（アイソスタシー）＝地球はその表面を数十キロメートルの地殻に覆われていると考えられている。この地殻が地下のある深度で、釣り合いが取れている状態を指すもので、等圧という意味だというのが十九世紀末の提案であった。厳密にはこのような考えであるが、スカンジナビア半島での地殻の隆起、一年に約一センチメートルは、氷河期にこれを覆っていた氷冠が融けて、それだけ荷重が減少したので均り合いを戻すための運動である。同様地層が堆積するとその重みで基盤が沈降することにも利用する。

注2―2

石油生成過程＝地下に埋もれた有機物が物理的変化をうけてケロジェンになり、（ダイアゲネシス）、温度六十度摂氏から百七十五度の間で化学変化をうけ、液体状の原油になる（カタゲネシス）。それ以上の温度ではメタンガスになり、二百度を超えると炭素に化す（**図―17参照**）。

大同団結したロイヤル・ダッチ・シェルグループは古くから東南アジアに進出し交易を

広めていた。住民による土地の情報から石油の滲み出し地を頼りに、植民地でもあり、政府を背景に独占・排他的に鉱区取得が可能であった。

やがてホワイトの背斜説が導入され、地下構造を反映する地形の高まり、それを避ける川の流れの変化・湾曲なども重要な要素として注目された。

他方、目に見える地表の特徴に注目することから抜け出し、一歩進んでより正確に地下の高まりを「見よう」とする努力がなされた。

それがハンガリーの物理学者R・エートベッシュ（一八四八―一九一九）が考案したトーション・バランス（ねじり秤法）であった。二十世紀に入るとエートベッシュは、この方法を用いて得られた数値から岩石密度を計算して地下構造を解析しようとした。

ブダペスト南西のバラトン湖周辺のガス井調査を行って精度の高さを確かめた。

この方法は、主としてハンガリー、ルーマニアなど東ヨーロッパで利用されていたので、西側に伝えられたのは第一次大戦（一九一四―一九一八）後になった。

この先端技術は、ヨーロッパ製測定器とともに世界の石油会社に注目され、多くの油田発見に貢献した。東印度では既述の如くラントウ油田（一九二九年、鉱量三億バレル）の発見につながった。

遅ればせながら東印度に参入したコロニアル社は、苦節十年、一時は身売り話まで持ち上がるなかで深層を掘り当てた。

さらに加えて、一九三〇年には太平洋石油は、シェルが一片の鉱区すら取得しようとしなかったパカンバルーの東に進出しミナス油田を発見した。

このような経緯を振り返ると、一九二二年のコロニアル社の成果を見て、シェル社の技術者は、なぜ深層をも狙う方針を抱かなかったのだろうか。

石油を見つけ出すのが仕事であるなら、固定観念にとらわれることなく、発想転換をしなければならない。アブラは自らが見つけ出さない限り「ない」のである。

その理由をあげるなら次のようになろう。

一、企業として既に充分な生産量を維持していた。

二、ラントウ油田の浅層発見（一九二九年）。

三、一九二〇年頃から他地域への投資（エジプト）など。

四、もし深層を狙うなら機械・資材の調達などの問題、株主への説明。

ヨーロッパ勢は企業の合併（コンソリデーション）で経営の基礎を固めて成長しつづけた。他方、アメリカ勢は新天地で深層の成功という発想の転換（イノベーション）で力をつけた。この違いが両社の方針に現われたのだろうか。

シェルの浅層志向はエジプトへも持ち込まれた。

一九二〇年代に鉱区を取得。トーション・バランスを用いて構造を確認しながら、油田（ガリブ油田）発見には十年の歳月をかけている。

戦略を変えなかった経営を褒めるべきか、それに迫れなかった技術者の弱さに同情すべきなのか。

経営とは、技術とはいったい何であろうか。

第三章、葦《よし》の髄《ずい》から宇宙をのぞく（未来）

まえがき

石油大国であった、あるいは石油技術大国を誇るアメリカの石油政策を述べようとする試みである。象に触る盲人の如きものであろうか。

一九七〇年から約七年間、日本の企業数社は、M社（アメリカ）とともに、ロレスタン（イラン）の石油探査プロジェクトに参加した。

トルコの西、イラクの北、イランの北西部をクルゼスタンと呼ぶ。その東南端にロレスタンはある。クルド族居住区である。地質調査中住居の黒い幕舎に近づくと、人なつこく寄ってきてお茶を飲まないかと誘う。

M社との技術会議は年に一、二度。ダラス・フォートウォースの技術センターで行われた。

センターの所長は代々地質技術者であった。

石油がどこにあるかを探す専門家である。一九七〇年代半ば頃、何回か行くうちに、センター内の雰囲気の変化に気づいた。それは次期所長に油層工学（リザーバー）の専門家が就くとの噂からであった。石油を探す地質技師ではなく、地下の石油をいかに効率良く回収するかのエンジニアである。

それを耳にして、我々日本側は所長の地位を争うコップの中の嵐と思っていた。

しかしそれは、人事というどこにでもある問題を越えて、もっと深い何かではなかったろうかと遅ればせながら感じ始めた。

一九七〇年代後半、アメリカでは地質技師（ジオロジスト）の描き得る石油有望地域は底をついたらしい。それ故、会社としては既存資源を効率良く採取する方向に舵を切り換える必要から、センターのトップを油層工学のエンジニアにしようとしたのではなかろうか。

アメリカ国内の石油生産量のピークは一九七一―一九七二年。約三十五億バレル（年間）であったが、一九七六年には二十九・六億バレルに減少した。その後、多少回復したが、一九八二年には三十一億バレルと、一九七二年の生産量を超えていない。

カーター大統領（一九七七―一九八〇）は、一九七八年にエネルギー自立法案を立案した。二〇〇〇年までに二五パーセントを再生エネルギー（ソーラー、風力、バイオなど）に求めようとするものであった。

自国資源の頭打ち、エネルギー海外依存の脆弱性、加えて地球温暖化など環境問題を考慮して代替エネルギーの活用という、脱石油への転換である。

しかし、アメリカには予期せぬことが発生した。一九七八年にイラン（テヘラン）のアメリカ大使館占拠、一九七九年のイスラム革命、一九八〇年のイラン・イラク戦争勃発など、アメリカは皮肉なことにイラクに近づくことになった。

次期レーガン大統領は、前政権のエネルギー政策を無視した。軍事援助、さらに武力に訴えても介入し、国家の総力を結集して石油資源確保を最重要視したのではなかったろうか。

タイタースビルのドレイク井以来百五十年余、アメリカでは石油は単なるエネルギーではなくなっていた。その豊富な資源は銀行（金融界）に巨大な資金をもたらし、経済（景気）を左右し続けてきた。それ故、政治（権力）に結びつくことになった。

石油は巨大な戦略物資に成長してしまった。

そのようなものを日本に探すならコメ（農業）であろうか。

しかし、それには多くの制約（保護？）が存在し、伝統的な米づくりを守る農業政策がある。輸出入もままならず、国際的に通用するモノ（物資）にはなっていない。米を常食にする東アジアでは、品質、味覚や価格に壁があり国際化していない。石油のそれとは比較にならないほどの地域産業に留まっている。

自然誌としての地質学

ドレイク井成功後、新しく石油地質技術者の職場が開き始めた。しかし、当時はまだまだ出る幕はなく、恒久的に勤めを得るまでには二、三十年は待たなければならなかった。その頃、石油井戸を掘ろうとした企業家たちを悩ませたのは、石油という目に見えない「獲物」を追うためには、その習性を知らなければならないということであった。「獲物」は地下深くに潜んでいて見られない。候補地として選ぶ場所の決め手は、誰言うとなく、前述したような次の三つであった。

a、川沿いの油の滲み出しのある平坦地。
b、aにつづく場所。
c、砂利の多い水辺。

石油は液体だから、水同様くぼみに溜っていると信じていた。滲み出し場所が川沿いにあったからであろう。同時に、石油掘りの動力はスチーム・エンジンであった。

しかし、ドレイク井後十年、一八七六年頃になると、企業家たちの得た石油の原理は次のようなものであったと記録に残る。

一、原油の材料は地下に埋め込まれた有機物である。それは太古の昔、地上に生存していた生物の遺骸であろう。

二、このような有機物を多量に含む岩石（頁岩や石灰岩）が石油を生む母体になる。

三、地下に埋もれた有機物が黒い液体（原油）に変化するには、低温度下での化学反応が起こり、分解・蒸溜が伴ったであろう。

四、原油は地層の割れ目に集まる。それが逸散しないためには、不透水層による保護が必要である。

五、石油はまず母体（根源岩）の中に生ずる。やがて液体化して流動するので、効率よく集積する場所として、地下に高まりがなければならない。

これらのことは、企業家による注意深い野外観察から得た結果である。今日の知識から見て的の外れたものではない。石油地質学の分野に一歩近づいている。

稼行《かこう》に耐える商業性の石油量が溜まる鉱床（有用鉱物の凝集地層）が成立するには、構造（地下の高まり）、油層（多孔質岩石の隙間）と根源岩（有機物を含む岩石）の三つの有効な組み合わせが必要である。

石油探査黎明期、有機物を多量に含む黒色岩石（ブラック・シェール）の上に重なる多孔質岩石（砂岩や石灰岩）の組み合わせを目標にした。

また、オイル・クリークの滲み出しに習い、水辺を選ぶクリーク学や、油脈の方向を追うトレンド学になったり試行錯誤を繰り返した。

それは、発起人たちの身についた実利から生まれたものであった。

地質学は地球科学（ジオサイエンス）の一部である。それは概略次の三部門から成り立つ。

一、地球を構成する岩石、鉱物の研究（岩石学、鉱物学）。
二、地球の歴史変化とその原因追究（一般地質学）。
三、地球上に存在した生物の発展進化（地史学、古生物学）。

これらは学問（知識）の一部となって象牙の塔に残り、多くの学徒を育てた。しかし、すべての学徒がアカデミアの中に残ったわけではない。

知識を身につけて世の中に出る。それを技能（技術）として専門職の道を拓《ひら》いてゆく。それ故、地質学は単なる知識の範囲に留まらず、人類の生活に役立つ実用性を示すことで生き残り得るであろう。

歴史を振り返ると、地質学は産業革命（一七六〇―一八四〇）に刺激されて目覚めたと言える。石炭など各種地下資源開発に役立ち、二十世紀になると石油を通して育まれ、国家の方針に応えた。

十八世紀半ば、産業革命当時、イギリスで有名なエンジニアであり企業家のM・ボウルトン（一七二八―一八〇九）は、蒸気機関考案者J・ワット（一七三六―一八一九）と会社を設立した。

この有能な企業家は、その頃新興の運河建設エンジニアリングの仕事には興味を抱かなかった。

やがてイギリス地質学の父と言われたW・スミス（一七六九―一八三九）は、サマーセット州バス（ブリストール南東）で、石炭を運ぶための運河（コール・カナル）建設に六年余監督官として立ち会った。

W・スミスは仕事柄、岩石の硬軟や貝殻を含む地層を観察し、掘削の進捗を予想するため岩石の種類を区分けする地図を作っていった。そのような経験をもとに、イギリス全土の地層を色分けした「地質図」を作成した。一八一五年であった。

サマーセットの鍛冶屋の息子で、充分な教育を受けていないスミスが、このようなアイデアを生み出したのは不思議である。

地質図の有用性は、それを見る（読む）人々が一見するだけで、どのような地層（岩石）がどこにあるかを理解できることにある。

知識が職業を生み出した先駆的役割を果たしたと言うことができる。

ほぼ同時代、フランスにはG・キュビエール（一七六九―一八三二）やA・プログニアート（一七七〇―一八四七）らの碩学たちが、地球歴史解明に取り組んでいた。

もし、フランスのジオサイエンス研究家たちが、イギリスのように学問と同時に、その実利にも指向していたら、地球科学の発達はイギリス中心にはならなかったであろう。

このように、地質学は人類に必要なエネルギー（当時は石炭）や、有用鉱物などに注目する職業の一部を担うようになってきた。その知的啓発が産業革命を支えたことになる。

地質学の発展はビクトリア朝と重なる。

遅ればせながらC・ダーウィン（一八〇九―一八八二）やT・ハックスレイ（一八二五

―一八九五）らも歴史に登場してきたが、基本的には地質学を学んだナチュラリスト（博物学者）であった。

前者はビーグル号で、後者もまたラットル・スネーク号で世界の海に船出した。その目的の一つに国防と貿易に正確な地図の作成があったことも否めない。

この時代、あまり世に知られていない変わり者旅行者P・L・スクレーター（生没不明）がいた。彼はレムール類（キツネザルの種）の仲間が地理的に広く分布しているのに気づいていた。アフリカからマダガスカル、さらに遠くスリランカにまで及んでいた。サルが海を渡れるはずはない。それらは太古の昔、一連の大陸でつながっていたのだ。スクレーターは大陸移動を提唱したA・ウェーゲナー（一八八〇―一九三〇）より百年前、超大陸の一部ゴンドワナ・ランドを覗き見たことになった。

また、グランドフォード家の兄弟、ウイリアムとヘンリーは、T・オウルダム（一八八〇年代）の誘いに応じてインドの地質調査旅行に参加した。彼らはインド東海岸北緯二〇度、クタック（カルカッタ南西約四百キロメートル）近くで氷河堆積物を見つけた。やがて同じような地層は、オーストラリアや南アフリカ、南極からも報告された。

その解釈はジオロジストを悩ませたが、答はキツネザルと同じであった。

二十世紀になるとブリティッシュ・インペリアリズム（領土拡張植民地主義）は、石油関係に立ち入り始めた。軍艦燃料に石炭から石油への転換を意図したからであった。古くはビルマ（ミャンマー）のバーマ・オイル創立（一八八六）。次いでロイヤル・ダッチ・シェル（一八〇七）とアングロペルシャン・オイル（一九〇二）に出資。二人の役員を送り込み産軍関係を強化した。それは来るべき戦争（第一次世界大戦）に備えるためであった。同時にアース・サイエンス発展に寄与することにもなった。

このように知識は職業として実務に役立つことになってきた。

石油地質学の近代化

幕末から明治にかけて、富国強兵の目標に沿って地下資源開発が重要視された。古くは江戸時代から、本草学に根ざした地下資源探査、鉱山開発技術には限界があったので、欧米から地質専門家や鉱山技術者を招いて、その指導を受けることになった。

その中の一人にアメリカ人ベンジャミン・S・ライマン（一八三五―一九二〇）がいた。日本名は辺土来曼である。

ライマンは開拓使（明治二年・一八六九―明治十五年・一八八二）に招かれ、明治五年十一月に来日した。開拓使仮学校で地質学と鉱物学を教えた。その後、明治六年から二年間、北海道各地の調査を行い、「日本蝦夷地地質要略図」（明治九年）を作成。日本で初めて広域地質図を作成した。その後、青森、秋田の「油滲み出し地」調査を実施。明治十四年（一八八一）に帰国した。国立地質調査所設立直前であった。

ライマンは、恐らくアメリカ人としては最も早い時期に国外に出て石油地質調査を行った人であった。来日前にはパンジャンプ（パキスタン）で調査を行い、「地下構造図」を描いている。一八七〇年頃であったという。

ハーバード大学卒業で、フランスにも学んだ。一時、伯父J・P・レスリーが所長を務めていたペンシルバニア地質調査所（私立）に勤務もした。伯母が所長夫人という関係からであったろうか。

当時、国立の地質調査所は未設立で、私立の調査所が二、三あったにすぎなかった。レスリーは頑固親父で有名であったらしいが、ライマンの技術者としての能力開花は、この伯父に負うところが多かったらしい。後年、石油の背斜構造説で有名になったI・C・ホワイト（一八四八―一九二七）も勤務していた。

石油地質学も他の自然科学分野同様、初期には暗中模索の時代があった。特に目に見えない石油や天然ガスを探すので、いっそうその傾向が強く残っていた。

ペンシルバニア山中で、塩を採取するため、少しでも塩分濃度の高い塩水を目的にして井戸を掘っているうち、偶然、石油（得体の知れぬ黒い液体）に当たったのは一八二一年であった。ドレイク井の三十数年前である。

それ以前、地表に滲み出ていた「セネカ・オイル」の使用は、セネカ・インディアン（五大湖の南に住んでいた部族）によって採取され、薬局（ドラッグストア）で売られていた。リュウマチに効くとか、馬の皮膚病によいとか、皮をなめすのにも使用されていたらしい。

I・C・ホワイトがペンシルバニア地質調査所を辞めて、新しいエネルギー源としての天然ガス開発の仕事に移ったのは一八九四年であった。

その数年前、ピッツバーグ市郊外で発生したガス井の火事が二年間も燃え続けていたことが契機になって、ガスをピッツバーグの工業地帯に輸送する会社、ピープルズ・ナショナル・ガス株式会社に就職するためであった。

ホワイトの論文には次のように書いてある。

「大きな生産量のあるガス井は、すべて背斜構造の上に位置しているが、背斜構造の上にあれば、すべてガス井になるわけではない」

いわゆるホワイトの背斜構造説である。

この考えは自分自身の独創ではなく、先人の業績をまとめたものだと遠慮深く書いている。その背景には、以前勤務していた調査所の頑固所長レスリーの強い反対があったためらしい。

その後、E・オルトンがオハイオ州の石油・天然ガス産出状況を調査し、背斜構造説をより確かなものにした。

他方、油やガスは必ずしも構造の最も高い頂部にあるとは限らず、むしろ少し下った深い場所に見い出される地域的特性もあった。

オルトンは、これに「テラス」（ひな段）と名付けた。

二十世紀になり、ようやく石油地質技術者が恒久的に会社に傭われるようになると、どのような場所に井戸を掘れば、もっとも効率良く石油や天然ガスを当てることができるかを考えるようになってきた。それが会社に傭われた技術者の職務であった。

ライマンが作成した地下構造図はその一つであり、ホワイトの背斜説もまた確実な一歩前進であった。

やがて、石油産出地域がペンシルバニア州を出てアメリカ各地に知られるようになるにつれて、地域的特性が次第に明るみに出てきた。このことは石油の探査には、あらためて各種地下構造図作成が最も重要な方法であることを示唆した。

この事業が急速に進み、それまでに全く経験のない広い地域で作業が行われるようになると、次々に違った型の地下構造に出合うことが多くなってきた。それは「岩塩ドーム」「断層封塞」「層位封塞」などであった（図—18、註3—1）。

一九一五年（大正四）頃までアメリカ国内で仕事をしていた石油地質技術者たちは、閉ざされた背斜構造の中に石油を探してきたと言える。それは紛れもなく、最も有望な地下構造の一つのタイプであった。そして、最もよく知られていたこの型の構造に、大量の石油、天然ガスが存在して商業的に成り立っていたのも事実であった。

そのため背斜構造を探すのが最優先の時代であった。

それ以降の石油地質学は、さらに飛躍の時代に入ったと言える。石油や天然ガスが何からどのようにつくられ、いかなる課程を経て商業的に成り立つ「石油鉱床」になるかを、物理化学的理論に裏づけられた地球科学に関連する広範囲の知識を採り入れながら、仕事に向かうようになっていったからである。

図-18　背斜構造以外の油層タイプ

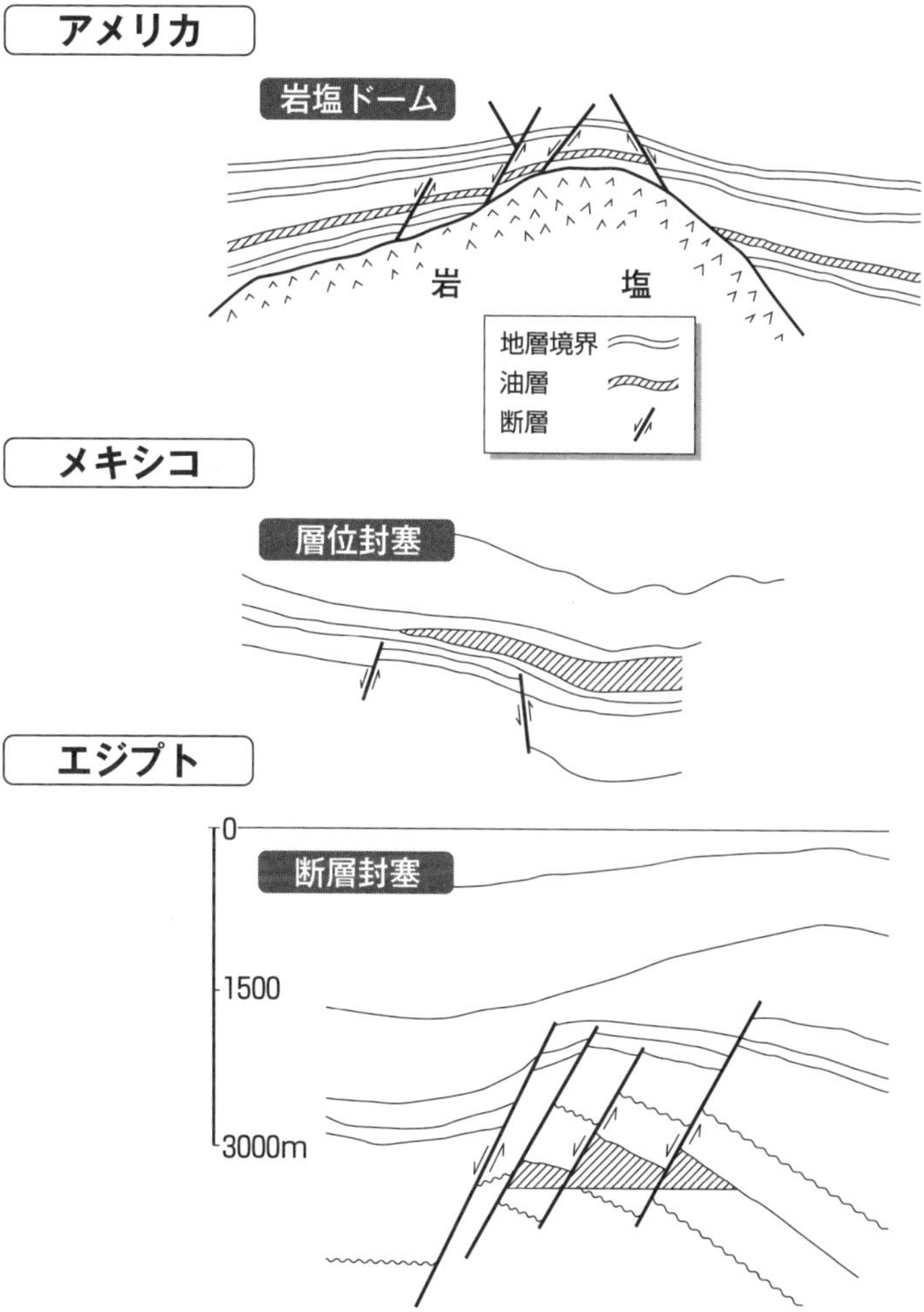

世界の大油田（1984）石油学会

註

岩塩ドーム3―1＝地層中に地下深部から温度、圧力の上昇で流動した岩塩が貫入し、地層を押し上げて作ったドーム構造。通常は一～三キロメートルの円柱状であるが、それが連続して地層中に直立する。そのために上の地層は「お椀《わん》」を伏せたような形になり、その高まりに石油が集積する。

層位封塞＝石油の溜まりやすい多孔質の地層が連続すれば、構造的には、もっとも高いところに溜まることになる。しかし、不均質な地層になり目詰まりすると、石油の移動は止まってしまう。このような現象は、地層の不均質、または不連続によるもので、液体状の石油は多孔質のところでレンズ状に集積する。

断層封塞＝一連の多孔質な地層が断層で切れることがある。それが緻密で均質な地層に接すると油層が途切れることがある。文字どおり断層で封塞される。

しかし、断層によっては、逆にそれが通路になり、そこを通って液体状の石油は上部に移動することもある。

いずれにせよ、断層で油層が切れて限定されるケースである。

石油はどこにあるか

すぐれた石油地質技術者の一人にアメリカ人W・プラット（一八八五—一九八一）がいた。

一九〇九年にカンザス大学を卒業し、一時フィリピンの鉱山局に勤務したが、一九一九年に帰国してハンブル石油会社に移った。

その後引退するまで、終生石油地質技術者として過ごした。当時、ハンブル石油会社はまだまだ小企業にすぎなかったが、プラットの努力によりアメリカの一流会社に成長した。一九三七年にはその功績を認められ、新会社スタンダード（N・J）、現エッソの重役に抜擢された。一九四二年、副社長に昇進、一九四五年、六十歳になった時、健康上の理由で引退するまで活躍した。

一九四一年（昭和十六）、母校で一連の講義を行い、石油の普遍的存在について述べた。「石油は地球の営む正常な基本作用の結果必然的に生ずるものである。この作用は地球にありふれた通常のものである。それは同時に地球過去の歴史輪廻の中で繰り返されてきたことでもある。地球上に存在する石油量は、一般に理解されているより遥かに多く、しかも広範囲に分布していると考えてよい。石油の生成は、海岸近くに見られる未変質の海成堆積物の中に普遍的に存在する成分である。このような性質の堆積物は、岩石になって地球全大陸の四〇パーセントを構成する。

このように、石油は地球上のごくありふれた物質から、通常営力の直接作用により生まれた産物である」

その十年後、一九五二年十二月、アメリカ石油技術者協会（ＡＡＰＧ）の席上、石油探査に必要な当事者の精神面を指摘した。

いかに理論、技術がすぐれていても、人の心の中に潜むメンタル・バリアーを克服しなければならないと説いた。

世界最大級のブルガン油田（クウェート）は、一九三八年に発見された。その十五年前、一九二〇年頃、クウェート政府は世界に名の知れたイギリス、オランダ、アメリカなど大石油会社に名指しで石油探査事業に参加するよう誘いかけた。

中東には有史以来、数知れぬほどの多くの石油やガスの滲み出しが知られていた。隣国イラクでは、二十年も前からアメリカ、オランダの石油会社が操業していた。イランも同様で、イギリスの会社があった。これらの会社は、他社のどこよりも中東の石油のあり方を知っていたに違いない。その上、経験豊かなすぐれた技術者を雇っていたはずであった。それなのにクウェートの誘いには応じなかった。

他方、小さな会社で中東のことなど充分に知っていなかった会社（ガルフ）が乗り出し、世界的大油田を掘り当てた。

なぜ、このような食い違いが起きたのだろうか。

プラットは次のように説いた。

一九二〇年五月、アメリカの累計石油生産量が五十億バレルを超えた時、地質調査所の有能な主任地質技師の石油産業将来の見通しは極めて悲観的なものであった。彼はアメリカの石油生産は、予想される埋蔵量から推定すると、近々三―五年中には最高に達し、その後は減少するであろうと見越した。年間生産量が四、五億バレルを超えることなどは考えられない。現埋蔵量は七十億バレルだから、十八年後には資源は枯渇するであろうと予測した。

それから三十年余、今日（一九五二年）、アメリカでは予測の約五倍の生産量があり、累計生産量は一九二〇年代の埋蔵量の五倍にも達した。それでも枯渇するどころか、未発見量はまだまだ残っている。

一九二〇年代のそのような予想は極めて保守的であった。主任技師は資料の上に立って、ただ、あるがままの事実を述べたにすぎなかった。そして、それ以外には予測を広げようとはしなかった。

W・プラットの真意は、石油を探すためにつきまとう精神的障碍を克服することの大切さだった。

石油が発見されると、成功の原因についてさまざまな分析がなされよう。その中で最後に残るのは、石油を見つけようとする意志が心の中にあったことを忘れるなと説いた。

「OIL IS FOUND IN THE MIND OF MEN」(石油は人の心の中にある)

将来発見される石油は、プロジェクトの出発点で、それを見つけ出そうとする人々の心の中に生まれてくる。見つかるべき石油はないと思うなら、石油には決して当たらぬであろうと。

それでは、地球内で水に次いで多量の液体である石油の未来はどのように描いたらよいのだろうか。

Ｊ・Ｍ・ハント（一九七九）の『石油地化学と地質学』から引用する（五三五頁）。「もし（ＩＦ）、政治的、経済的、環境上の問題が調和するなら、石油、ガスとも地球の中に大量に存在する。

アメリカでは一九六八年まで、ドレイク井成功以来一〇〇年余の間に二万三〇〇〇ケ所の石油、ガス田が稼行された。これを堆積盆地（註3―2）面積比率で求めるなら、一〇〇万平方キロメートルに三、五〇〇ケ所になる。

そのような統計を旧ソ連の現状にあてはめるなら、一〇〇万平方キロメートルに八〇ケ所である。

もし今後、北アメリカ大陸で行われたような密度（精度）で探査活動を進めるなら、現在の四〇倍もの新しい油田、ガス田が発見されるであろう」

繰り返すが、博士が文中に使用したポリティカル、エコノミック・エンバイロンメンタルがレコンシールすればという言葉を使った時、心の中に何を描いたであろうか。

一九六九年十月キャンベラ（オーストラリア）で開催された第四回エカフエ（ＥＣＡＦＥ）の石油シンポジウム席上、フランスの技術者の発言で、将来開発が進むなら、東南アジアの海域（東シナ海、南シナ海）は、現アラビア湾のように石油の宝庫になるであろうと言及した。そこには広大な大陸棚があり、それより深い大深度への探査も緒についたばかりである。

OIL IS WHERE YOU FIND IT.

石油はあなたが見つけ出す所にある。

あなたが見つけなければ石油はない。

註3―2

堆積盆地＝広範囲に及んで地層が堆積し、それに埋められた大きな盆地状の地形を指し、地向斜とも言う。単純な例として、地層群の垂直断面は、海進初期の浅海、満期海水面下の深海、海退期の浅海の輪廻で終わる。海盆の沈降は地層の重さによる地殻均衡（アイソスタシー）によって起こり、均衡が崩れて造山運動を伴い陸地化する場合もある。これらが複雑にからみ合う。石油は広義の水成岩中の有機物から生ずるので、堆積盆地は石油区とも呼ばれる。

付・恐竜は生きている

図-19　ナルメル王のパレット（筆者模写）

エジプト考古学博物館にて

考古学博物館（エジプト・カイロ）に入り、「恐竜」（怪獣）に遭遇したと言っても誰も信用しないだろう。

大きな灰緑色岩石が博物館正面入口ギャラリーにある。ガラスケースに収められた、幅（短径）約四十センチメートル、高さ（長経）約八十センチメートルの盾状の岩石で、グリーン・シスト（緑色片岩）である（**図―19**）。

素材岩石の出所は不明だが、地質図を見ると、アスワン周辺、紅海近くの山中またはスーダン国境近くではなかろうか。

説明文には「ナルメル王のパレット」とある。

ナルメル王はエジプトの南北（ナイル川に沿って人は住んでいた）を統一した最初の王（紀元前三一〇〇年）。伝説的人物メネスと同一視されている。

パレットは正面入口に直交するように置かれている。もし入口に平行するように広い面が向いているなら、それを表と言おう。

しかし、このように置かれていると、表は向かって右側なのか左側なのか判断に戸惑う。売店のパンフレット（館内説明書）は、左が裏、右が表とある。

説明文を見よう（筆者短訳）。

「デルタ地方を征服して作らせた。ハトフル神（最上部の牛模様）ご加護の下に成し遂げた事業、初めてエジプトを統一し、主都をメンフィス（カイロの南約十五キロメートル）に置く。

リリーフ（浮き彫り）は、左が上中下の三つに、右は上下の二つに分かれる。

左側上部。王は北部エジプトを象徴する赤い王冠（色はついていないが形による）を戴いて立ち、それにサンダルを持つ小姓が従う。王の前には権力を誇示する五人の旗手が先行する。

王は戦いが勝利に終わったことを確認している。その証拠に十個の首なし遺体が転がる。

中部、二匹の神秘的、奇妙な太古の動物（TWO MITHOLOGICAL ANIMALS PECULIAR TO THE ARCHAIC PERIOD）が長い首をからませて丸い凹みをつくる。

下部。王がハトフル神（牛）に変身し、敵の要塞を踏みにじる。家来の一人が角笛をかざして高らかに勝利を祝う。

右側上部。王は南部エジプトを象徴する白い王冠を戴き、右手で権威を示す杖を振り上げ、今にも捕虜を殴りつけようとしている。サンダルを持った小姓が従う。ファルコンが降伏者の首に縛りつけた縄をくわえて六本のスイレン（睡蓮）の花の上に乗る。征服した北部エジプトの地を示す。

下部。王の権威に敵《かな》わじと逃げ行く敵《てき》を表わす。

このパレットのなかで注目したのは、中央凹みのデザインであった。化粧用顔料を砕く「くぼみ」というが、見た瞬間「首長竜」（恐竜）ではないかと見直した。

パレットはナルメル王以前（有史前）にも作られている。多様な形があり、時代とともに移る変化を知ることができる。

いくつかの説明文を引用する。

初期のパレットは単純な菱形であり、材料はフリント（火打ち石）のような固い岩石を

図-20　リビアン・パレット

使っている。手の平に載るほどの大きさにすぎない。時代が進むにつれて動物の形になる。カバの形がある。先史時代のナイルには、熱帯湿潤な水辺に生息するカバがいたのだろう。

先王朝時代（西暦前三一〇〇以前）になると浮き彫りが施され、歴史的事柄を示すと同時に装飾性をもつ絵が示されるようになってくる。

その一つにリビアン・パレットがある（**図―20**）。

それは下部三分の一しか残っていない。

上には水牛の列があり、下二列にはロバが続く。大きな目が印象的である。最下部の木々はオリーブであろうか。

博物館二階には多くのパレットが並ぶ。その中に魚の形をした二十センチメートルほどの楕円形のものがあった。なぜか目に愛嬌がただよう。

もうひとつ注目したいのが「オックスフォード・パレット」である。ナルメル王の浮き彫りにくらべてデザインは幼稚だが、首の長い二匹の動物がからみ合い、蛇のようにくねっている。オリジナルはアシュモレアン博物館（オックスフォード）にある。

このようになぜか首の長い動物（恐竜らしさ？）が見受けられる。

恐竜はエジプト古代文明開花以前、何千万年前遥かな昔に絶滅したはずである。それなのにパレットの上にいるではないか!!

この「神秘的古代の動物」の体と脚はライオンのようで、首と顔はラクダに似ている。動物の首を長くしさえすれば恐竜になると考えるのは単純にすぎようか。ナルメル王時代のナイルには、このような形の動物がいたのだろうか。あるいはそれ以前、石器時代の頃、ナイルに住みついた人々から語り継がれた伝承の中に、そのような神秘的動物があったのだろうか。

興味あるミステリアス・デザインである。

このような奇怪な動物の形はエジプトに限らない。「バビロンの竜」または「シュルシュ」と呼ばれた動物が、紀元前一二〇〇年頃、バビロンを支配したネブカドネザル一世（?—一一二三ＢＣ、在位一一二四—一一〇三ＢＣ）が建造した壮大な門を飾ったという。それは竜の一種「サーペント・グリフォン」と呼ばれた。

『私の古生物誌』の著者、故吉田健一氏（筑摩書房　一九八九）によれば、それはバビロニア人（原文はカルディア人）が実際にアフリカ奥地で見た動物という。ナルメル王時代の世は、ネブカドネザル王より二千年も昔のことなのだ。

ピラミッド（ギザ）の裏を通って左に曲がり、約百キロメートル余り南に走るとファユーム盆地に着く。ナイルの西約二十キロメートルのところでもある。広さは約千平方キロメートル。佐渡島（八百五十七平方キロメートル）より少し広い。ほぼ三角形で、頂点が北東に傾く。周りを小高い丘に囲まれていて、南東が一部途切れて峡谷になる。

ファラオ時代、アメネムハットⅠ世（在位一九九一—一九六二ＢＣ）はここに水路を掘った。増水時のナイルの水を導入しようとしたわけである。

図-21　ファユーム盆地地形断面図（東西）

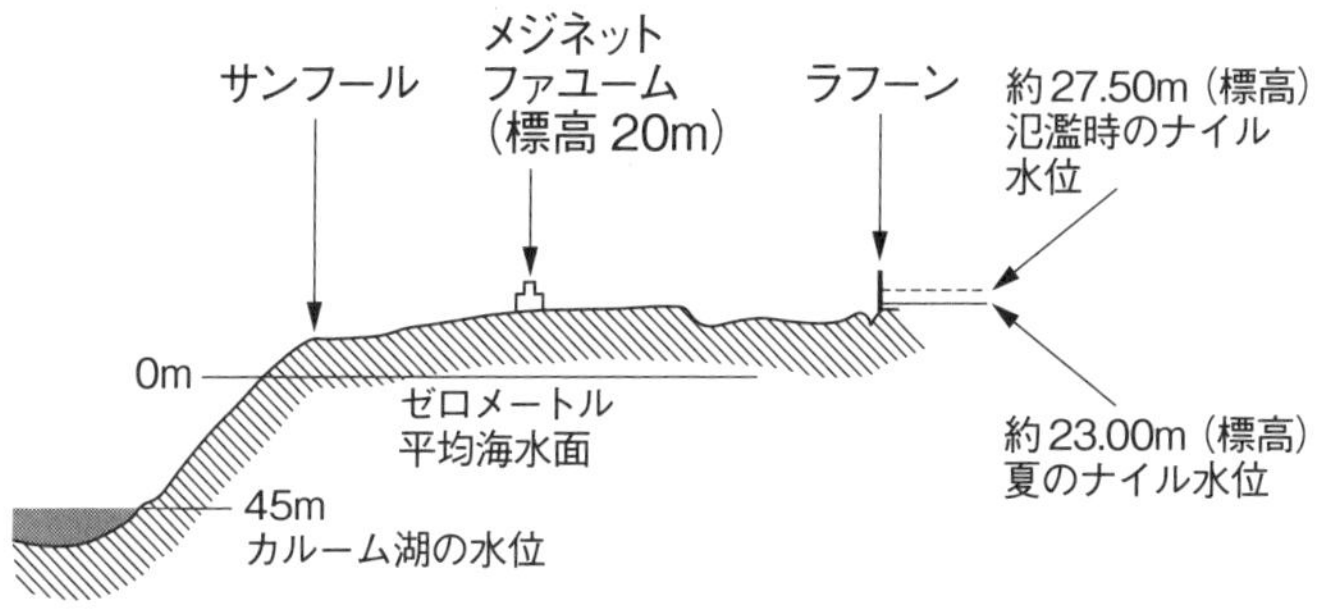

この事業はアメネムハットⅢ世に引き継がれ、プトレミーⅡ世まで続いた。これがラフーンの掘り割りと言われた水路で、長さ十五キロメートル、標高二十四・五メートルである。アスワンダム（旧）の建造後ナイルの増水が制御されるまで、数千年間利用された（**図—21**）。

十九世紀末、ナイルの水位はファユーム付近で渇水期（五月）二十三メートル（標高）、増水期（十月）二十七・五メートルに達した。ファラオ時代の増水（水量）が現在の約一・五倍あったとするなら、大量の水が盆地に流入したであろう。それが盆地を潤し、古代のモエリス（現カルーム湖）を形成した（**図—22**）。

現カルーム湖の水位はマイナス四十五メートルしかない。しかし、ファラオ時代のモエリス湖は大き

図-22　モエリス湖の変遷

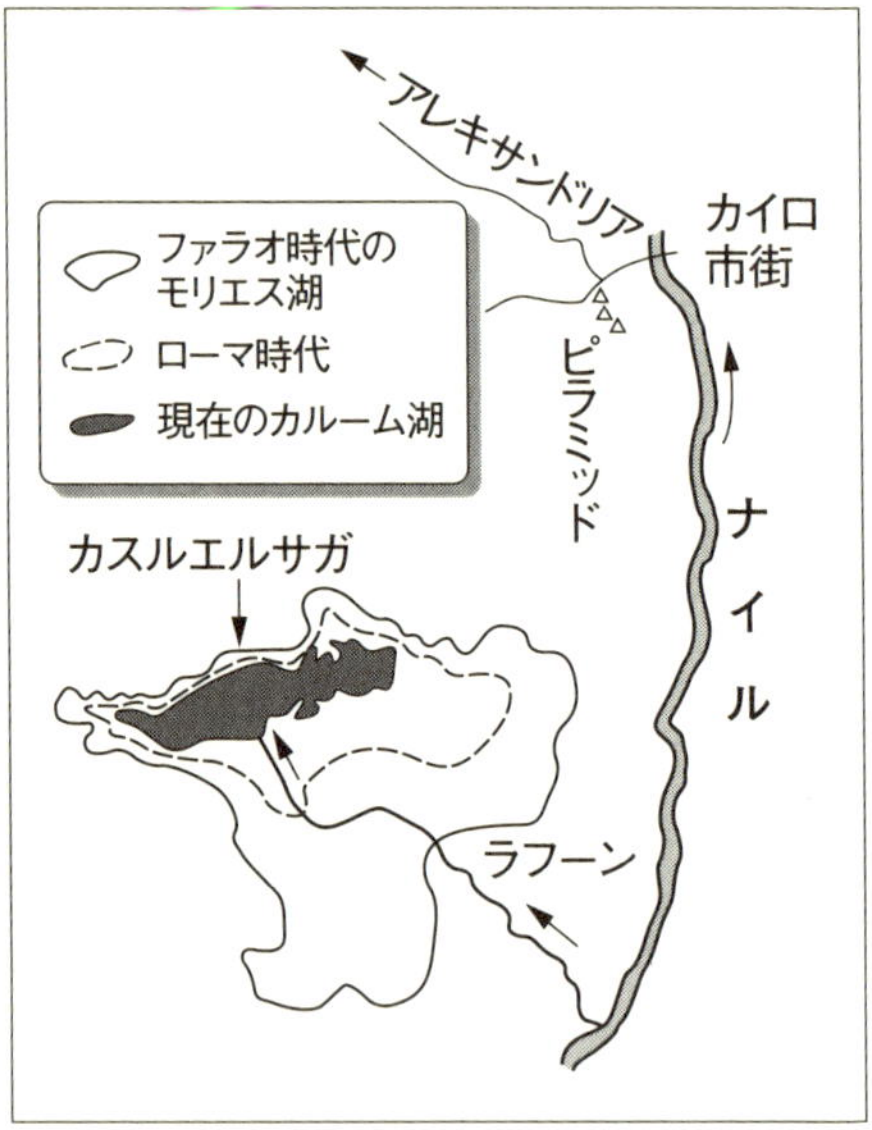

な、水量豊富な湖水であったらしい。記録に残る十二王朝アメネムハットI世時代、水面はプラス十八メートルあったという。紀元前後はほぼゼロメートルに下った。このことは、ファユーム盆地の地形断面からも理解できる。ラフーンの掘り割りから中心部のメジネット・ファユームを経てサンフールに至る標高は、ほぼプラス二十メートルと変わらない。それがサンフールから急に傾斜してカルーム湖に至る。古代モエリス湖の水面が、アメネムハットI世（紀元前二〇〇〇年）頃、十八メートルにあったことが窺い知れる。**（図—21参照）**。

ファユーム盆地はエジプト農耕発祥地といわれる。広大なデルタに毎年繰り返されるナイルの氾濫に悩まされるより、ファユームの限られた地域での農耕が、未発達な農耕技術をもつ当時の人々には都合が良かったであろう。

そこは何よりもナイルの水を制御できた場所であった。

綿花、各種野菜、果物や花などの生産地である。エジプト料理に欠かせないハトはここが主産地という。

この地で興味を引くのは地質学的な点にある。ファユーム・フォーナ（ファユーム化石動物群）と名付けられる約三千万年前の化石類である。

北アフリカ・サハラを覆っていた古地中海（テーティス）の南岸に堆積した石灰岩はピラミッドの石材になり、それに含まれる貨幣石（ヌームライト）は有名である。

その頃、ファユーム一帯は海に覆われていた。

現在の紅海のような環境であったらしい。鮫が泳ぎまわっていた。一辺三、四センチメートル、ほぼ正三角形をした歯の化石、和名「天狗の爪」が出土する。原始的な鯨の骨もある。

海が次第に北に後退するにつれて、自然環境は川の流れ込む海岸地帯に変わっていった。大きな海亀が産卵のため砂浜に上がってきた。半淡水の入江や干潟があり、ワニがいた。川に生息するクロコダイルや、河口に近い海辺を好むアリゲーターの骨の化石から想像できる。水辺にはカバが泳ぎ、湿地帯には十二メートルを超える巨大なニシキ蛇がいた。完全な骨格が出てくる。小型の原始象（アカツキ象）が餌を探し始めるようになってきた。

海岸線のさらなる後退につれて、海辺は次第に草原になり、やがて樹木の茂る森林に変わっていった。象は大型化してパレオマストドンに進化した。ヒラックスと呼ばれる小馬ほどの大きさのウサギが森の中を跳ねまわっていた。

ファユーム・フォーナの中で最も特徴的な動物は、アリスノテリウムと呼ばれるサイ（犀）で、大きな角をもつ背丈二メートルの動物である（**図—23**）。

図-23　アリスノテリウム（復元図）

それが角であることは頭蓋骨と一体になっていることで証明される。三、四体の完全な骨格が出土する。原始的猿の頭蓋骨もあり、エジプトピテクス（ゴリラ属）である。

そのような熱帯環境は約六百万年間続いたであろうと推測されている。その自然環境は突然の火山噴火で消滅した。化石を含む地層が玄武岩（バサルト）の熔岩で覆われているからである。

マーディ（カイロの南七、八キロメートル）にある地質博物館に行かれるとよい。そこに並ぶ数多くの化石群の前に立つなら、今は骨だけになった過去の動物から、当時の自然景観をおぼろげながら想像できるからである。

前述のようにナルメル王のエジプト統一は三一〇〇BCであった。首都をメンフィスに置いた。そこはカイロの南、ファユームとの中間にある。そのような場所なら、ファユームに生活する人々は、崖からはみ出た象の頭蓋骨や、角のある犀の骨や、大きな亀の甲羅など、道端に転がる「天狗の爪」を見る機会が多くあったであろう。身の回りには存在していない「奇怪な動物」の骨格などに、しばしば接していたと想像する。

ホメロス（八〇〇BC）の「オデッセア」にキュクロペス（一つ目の巨人）が出てくる。象の頭蓋骨から生まれた伝説であろうと言われている。それから牙がなくなれば、人間のそれに格好が似てくる。ただ、それが人間のものより遥かに大きいばかりか、中央の二つの鼻孔が接続して、一つしかない目のくぼみのように見えて、巨大な「一つ目小僧」のおばけに変わる。

当時のギリシャ人は、生きている象を見たことはなかった。マンモスなどの頭蓋骨の化石が土中から掘り出されたヨーロッパでは、中世の頃、いったい、それが何なのか全く想像すらつかなかった。骨格の似たような動物は周りにおらず、それが巨人の頭の骨になったり、怪獣に化けたりして語り継がれたであろうか。

数千年も前、ファユームに住みついた人々は、たまたまそのような骨格を見て、何を想像したであろうか。

地質学の知識の有無などに関係なく、それが太古の昔に生きていた動物の骨であろうと、断片的、奇怪な骨格から、生きていた頃の姿を描いたとしても不思議ではない。それは本来の姿からかけ離れていたものであったかもしれない。それが刺激になって、ナルメル王の「神秘的古代の動物」のデザインになったと考えるのは筆者の思い過ごしであろうか。

一九二二年四月から一九三〇年四月までの間、アメリカ自然科学博物館（ニューヨーク）が組織した探検隊は、ウランバートル（モンゴル）近辺の地質調査を実施した。第一次調査隊の編制は五台の車（セダン二、トラック三）、七十五頭のラクダ、四十人の隊員から構成された。ラクダには食糧、ガソリン、灯油などを積んだ。

探検隊の目的は人類の起源を探ることにあったと言われている。

その頃、北京近郊で発見された人骨から、アジアのどこかで古代人骨を発見できるなら、それが人類の起源につながる糸口になるのではなかろうか、というのが真意だったらしい。しかし、人骨を探すのに、わざわざアメリカから大勢の人たちがゴビ砂漠などにやって来るということなど、モンゴルの人々には理解できなかった。それは表向きの口実にすぎず、サイエンスのためなどとは真っ赤な嘘で、本当の目的はキン（金）かセキユ（石油）、果てはトチ（領土）であり、揚句の果てはアメリカ帝国主義の手先ではなかろうかと見做された。

数回の派遣の中で第二次に大成功を収めた。それは恐竜の卵の発見であった。

一九二〇年代の初め頃まで、恐竜は「は虫類」卵生であろうと判断されていた。しかし、確信をもって発言できる専門家はいなかった。卵が完全な形で発見されたのは、それが最初だったからである。合計二十五個採取した。卵の長径は約二十センチメートル、短径に沿う円周は十七センチメートルであった。

現在、アスワンには新・旧二つのダムがある。

旧ダムは農業用水確保、特に綿花の栽培に必要であり、同時に氾濫制御を目的にした。

図-24a　新旧ダムの位置

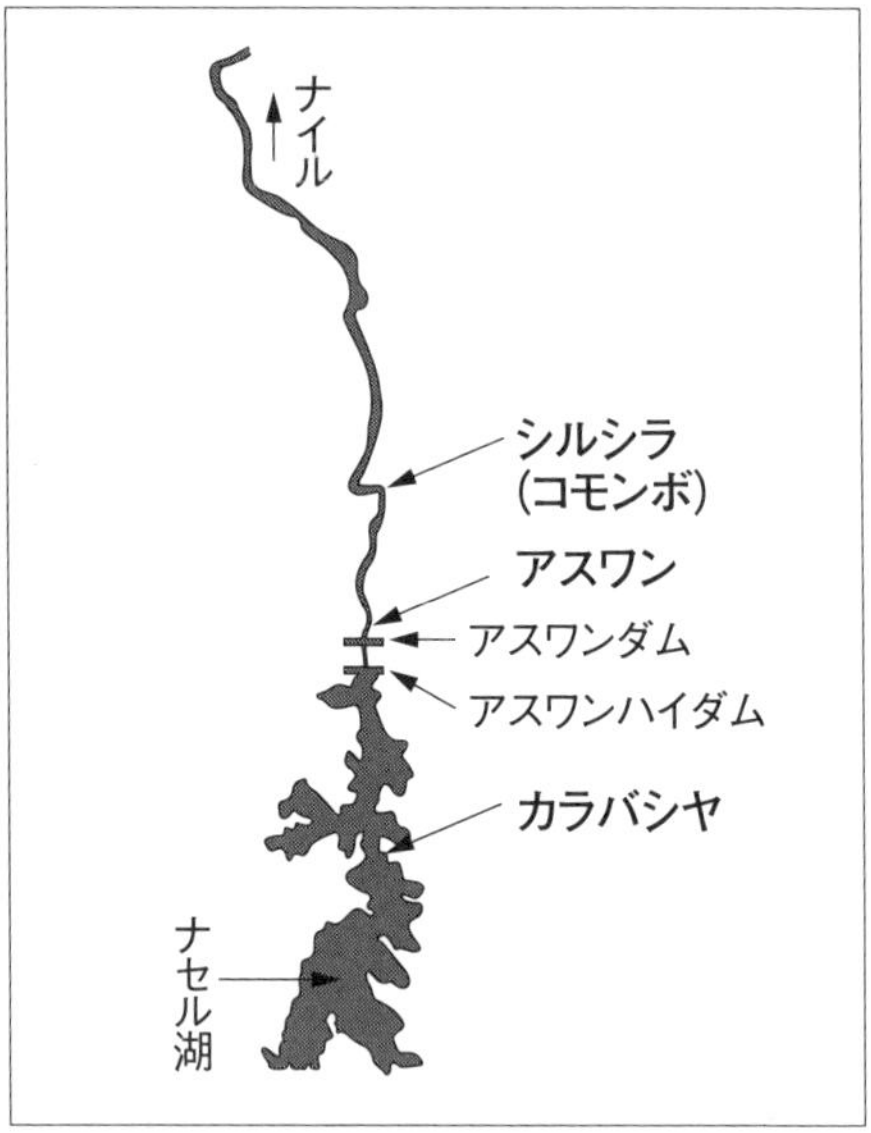

イギリスのコンサルタントが関係し、工期四年、一九〇二年（明治三十五）に完成した。近代的コンクリートダムであった（図―24ab）。

新ダムは旧ダムの上流十キロメートルにある。

一九六〇年から十年の歳月をかけて完成したロックフィルダムである。農業用水は言うまでもない。発電、工業、都市用水など、エジプト経済の根幹を支え、それによって近代化を成し遂げようとした。

サダト大統領（故人）はダム完工式の席上、アスワンから南へ五百五十キロメートルものびるナセル湖（人造湖）が砂漠を巻き返し、国土を緑化するに違いないと力説した。発電される電力が、この国に繁栄をもたらすであろうと、世紀の大事業を祝福した。

新ダム建設で、すべての古代遺跡は水没する。最も高い場所に位置していたアブシンベ

図-24b　新旧アスワンダム比較

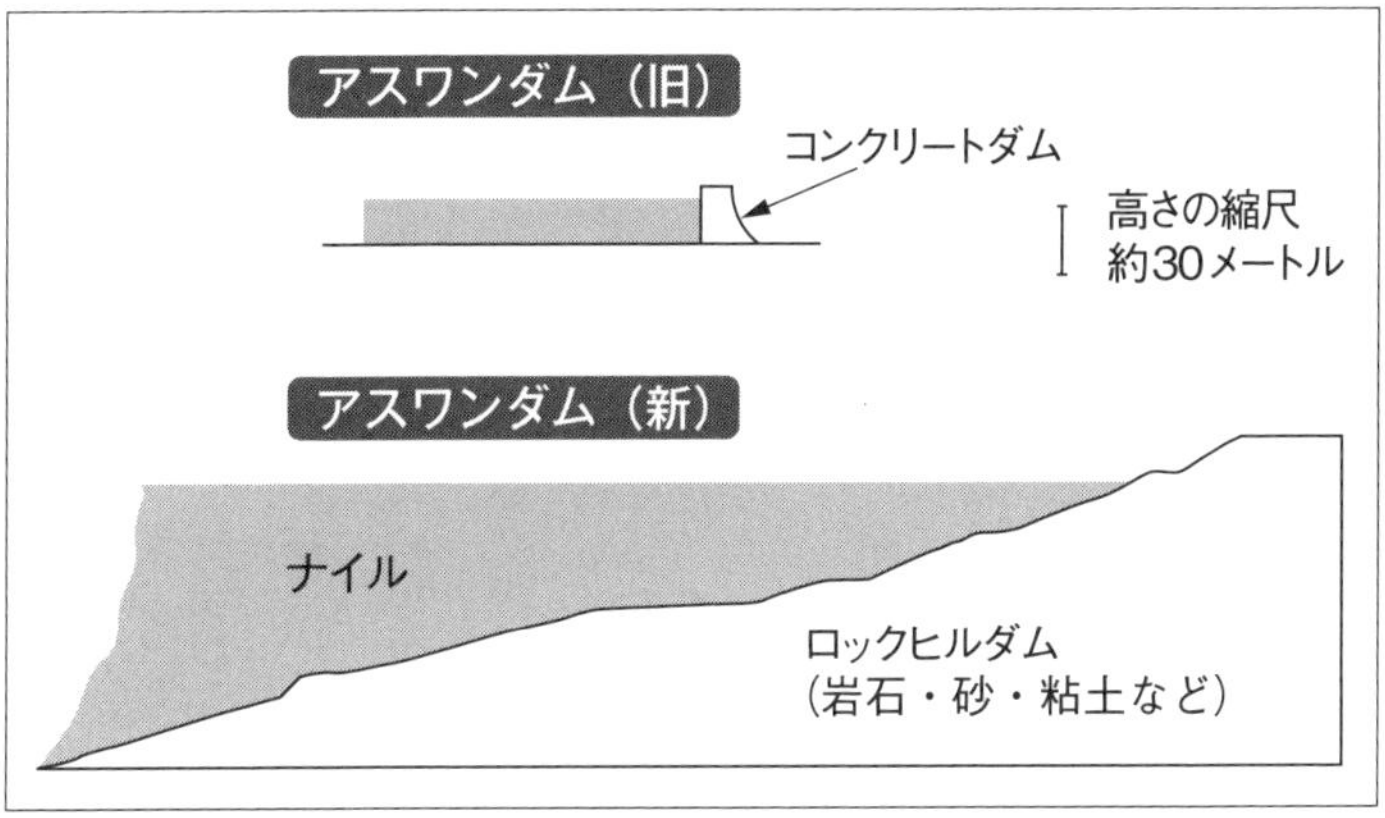

図-25　ダムの水位とヌビア遺跡の標高

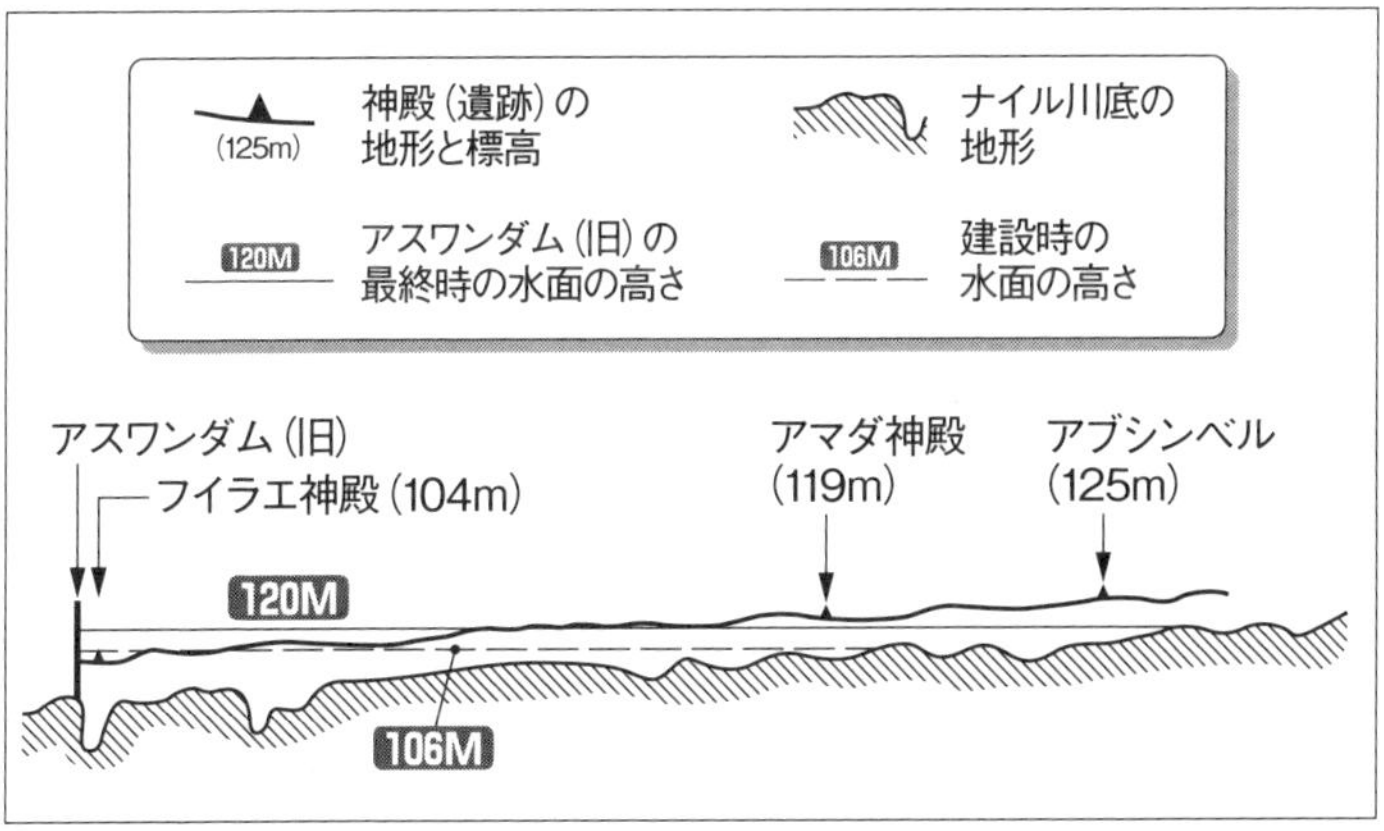

ル神殿（標高百二十五メートル）は高所に移動再現された（図―25）。

恐竜イグアノドンは、かつてヨーロッパ西部に生息していた。一八七八年（明治十一）、ブラッセル南フランス国境に近い炭鉱で、坑道を掘り進んでいた鉱夫たちが、大量の骨を含む地層に掘り当たった。早速、ブラッセル自然史博物館から出向いて掘り出したところ、それは三十体余りのほぼ完全な恐竜の骨格で、イグアノドンのものであった。

この化石を近代科学的な目で組織的に研究したのは、ベルギー人、R・ドロー（一八五七―一九三一）であった。土木工業を学んだシビルエンジニアで、職業柄、地質学にも興味をもっていた。

ドローはこの骨から、化石研究（古生物学）の分野に科学的恐竜研究の基礎になる新風を吹き込んだ。彼は恐竜の埋もれていた地層を調べ、当時としては画期的試みであった生息環境、共存していた動植物など、なかでも昆虫化石をもとに、自然、気候などを推定し過去の地球自然を鮮明に再現した。

イグアノドンは白亜紀（約一億年前）に生き、主としてベルギー、フランス北部、イギリスのドーバー海峡をはさむ地域に生息していた。その頃、海峡は浅く地続きで、広大なデルタ地帯がイギリスとヨーロッパを結んでいた。有名な白い崖（ホワイト・チョーク）は、遠くアフリカの北まで続き、エジプト西部の砂漠には、ホワイト・デザートと名付けられたところがある。

当時の気候は熱帯性、大地はシダ類に覆われ、ワニやカメが棲み、大きな蜂や各種昆虫などが飛び交うなか、イグアノドンは群をなして行動し、植物を主食にしていた。絶えず肉食恐竜類を警戒していたようであった。襲われると、前足親指つけ根にある爪を振り上げたり、強力な尻尾で対抗したりした。敵わぬ時には、水中に潜って難を避けたらしい。

約六千万年前、恐竜の生息していた頃の自然環境は温暖湿潤な気候であったと推定している。それが次第に寒冷乾燥化し、恐竜には不向きな環境に変わり始めた時、その群は新しい場所を求めて南に逃れ、赤道に近い多雨、熱帯雨林の中に移動していったのではなかろうか。

紀元前四、五〇〇〇年頃のナイルの住人は、有史以前の石器時代の頃から語り継がれた伝承の中に、パレットの上の「神秘的古代の動物」の記憶を抱いていたとしても不思議ではない。

サハラは太古から砂漠であったわけではない。アフリカ中央に広がる熱帯雨林は現在よりも北上していた時があった。その当時ナイルを遡り、その中に迷い込んだ祖先が、偶然遭遇した恐竜の姿ではなかったろうか。事実、「バビロンの竜」は、バビロニア人がアフリカ奥地で見た動物の姿であったという。

もちろん、当時の人々はそのような奇怪な動物の存在は容易に信じなかったであろう。しかし、身近なファユームの崖から転がり出た「化石群」の、大きな角のある頭蓋骨、ワニの頭、カメの甲羅、巨大なニシキ蛇の骨格などを見て、それを密林中の奇怪な動物の姿に重ね合わせたのではなかったろうか。

近年、モンゴルで発見された恐竜の卵は、この生物が卵生であることを証明した。何千年も前、それよりさらに数千年もの昔から、アフリカ中央部に降り続いた雨は大量の水をナイルにもたらしたであろう。もしその奥に恐竜が生存し続けていたなら、その卵のいくつかは偶然ナイルに流れ出されても不思議ではない。ナイルの住人は生命の宿っている卵を手に取って見ることができたと考えるのは、あまりにも突飛な空想であろうか。

地球の自然な営みにより、何万年も続いたであろうナイルの氾濫（増水）を変えたのは、二十世紀になって建設された二つのダムであった。特にアスワンハイダムは、ナイルの増水をナセル湖という巨大な湖水で塞き止めてしまった。

アフリカの赤道直下の熱帯雨林の中に、今でも恐竜が生きているなら、そこを流れるナイルの上流に卵が流し出され、ナセル湖まで運び込まれると考えてみよう。上流から下流まで地形差の極めて少ないナイルの流路の運ぶ細い泥は、他の川と異なり水に粘性をつけ、壊れやすい卵を保護する役目を担うのではなかろうか。

ナセル湖完成後四十年、湖底に眠る恐竜の卵が、エジプトの太陽に暖められ孵化すると想像するのは夢のまた夢であろうか。

ロッホ・ネス（スコットランド）にはネッシーがいる。

レイク・ナセルには「ナッシー」がいても不思議ではない。いつの日にか探検隊を組んで調査に出かけようと思っている。しかし、気掛りなことがある。探検隊「ナッシー」（なし？）に隊員が集まってくれるかどうか。

【参考文献】

石油学会（1984）『世界の大油田』博報堂

吉田健一（1989）『私の古生物誌』筑摩書房

エジプト農業研究会（1990）『エジプトの農業』ＪＩＣＡ

「世界」（2004）10月号　岩波書店

「世界」（2005）2月号　岩波書店

D. YERGIN（1991）：THE PRIZE. SIMON & SCHUSTER, LONDON.

O. B. BORISOV & B. T. KOLOSKOV（1975）：SINO-SOVIET RELATIONS, 1945—1973, A BRIEF　HISTORY. MOSCOW.

V. SOKOLOV（1972）：PETROLEUM. MOSCOW.

J. M. HUNT（1979）：PETROLEUM GEOCHEMISTRY & GEOLOGY. SAN FRANCISCO.

S. T. PEES（1983）：EARLY OIL AND GAS EXPLORATION TO 1879 IN WESTERN CRAWFORD COUNTRY　PENSILVANIA. EARTH SCIENCE.

T. BURGIN, D. RIEPPEL, P. M. SANDERS & T. SCHANZ（1989）：THE FOSSIL OF MONT SANGEORGIO. SCIENTIFIC AMERICAN, JUNE.

R. SAID（1970）：EGYPT, ELLISVENIR, AMSTERDAM.

O. LESSEN（1989）：SECRET OF THE GOBI DESERT. DISCOVER. JUNE.

B. TISSOT (1973) : TOWARD A QUANTITATIVE EVALUATION OF THE PETROLEUM FORMED IN SEDIMENTARY BASIN, FRANCE.
NATURE GEOSCIENCE, JAN, 2008, LONDON

著者プロフィール

菊池 良樹（きくち よしき）

1929年、大阪府に生まれる。
1953年、東北大学理学部卒、地質学・古生物学専攻。石油会社（上流部門）に勤務。主として北スマトラ（インドネシア）、ロレスタン（イラン）、ウエストバクール（エジプト）の石油探査、開発生産に従事。商業油田発見（1980）の貢献により石油技術協会賞受賞（1981）。理学博士。
著書に、『石油はどこにあったか』（新風舎　2004）、『ナイルは流れる』（新風舎　2005）がある。

上流部門から見た「石油の過去・現在・未来」

2010年１月15日　初版第１刷発行

著　者　菊池 良樹
発行者　瓜谷 綱延
発行所　株式会社文芸社
〒160-0022　東京都新宿区新宿1－10－1
電話　03-5369-3060（編集）
03-5369-2299（販売）

印刷所　株式会社フクイン

ISBN978-4-286-08178-6